根据人教版数学教学大纲编写
森林学校里的趣味数学
SENLINXUEXIAOLIDEQUWEISHUXUE
古保祥★著
3年级
U0211697
哈爾濱工業大學出版社
HARBIN INSTITUTE OF TECHNOLOGY PRESS
HITP

图书在版编目(CIP)数据

森林学校里的趣味数学. 三年级/ 古保祥著. —
哈尔滨:哈尔滨工业大学出版社,2016.1
ISBN 978-7-5603-5697-6

Ⅰ. ①森… Ⅱ. ①古… Ⅲ. ①小学数学课-
课外读物 Ⅳ. ①G624.503

中国版本图书馆 CIP 数据核字(2015)第 263639 号

策划编辑 张凤涛
责任编辑 范业婷 高婉秋
装帧设计 恒润设计
出版发行 哈尔滨工业大学出版社
社　　址 哈尔滨市南岗区复华四道街 10 号 邮编 150006
传　　真 0451-86414749
网　　址 http://hitpress.hit.edu.cn
印　　刷 哈尔滨市石桥印务有限公司
开　　本 787mm×1092mm 1/16 印张 11 字数 150 千字
版　　次 2016 年 1 月第 1 版 2022 年 3 月第 2 次印刷
书　　号 ISBN 978-7-5603-5697-6
定　　价 26.80 元

目录

长1米的螳螂

xiǎo xué sān nián jí de dì yī jié kè biàn shì zuò wén kè hóu zi jiào
小学三年级的第一节课，便是作文课，猴子教
yuán dān rèn shī zi gǒu bān jí de yǔ wén lǎo shī bái hè lǎo shī yī rán jiāo
员担任狮子狗班级的语文老师，白鹤老师依然教
shù xué
数学。

zuò wén kè shang hóu zi jiào yuán yāo qiú dà jiā rèn zhēn zǒng jié shǔ jià
作文课上，猴子教员要求大家认真总结暑假
de gù shi měi gè xiǎo dòng wù xiě yì piān bó wén ér hóu zi jiào yuán zé zài
的故事，每个小动物写一篇博文，而猴子教员则在
jiǎng tái shang rèn zhēn de kàn měi gè xiǎo dòng wù shàng jiāo de shǔ jià rì jì
讲台上，认真地看每个小动物上交的暑假日记。

shǔ jià yí gòng fàng le tiān suǒ yǒu de xiǎo dòng wù dōu shàng jiāo le
暑假一共放了60天，所有的小动物都上交了
zì jǐ de shǔ jià rì jì yóu qí shì shī zi gǒu zhè ge shǔ jià tā yǔ
自己的暑假日记，尤其是狮子狗，这个暑假，他与
bà ba mā ma yí gòng qù le gè dì fang yīn cǐ tā de rì jì xiě de
爸爸妈妈一共去了10个地方，因此，他的日记写得
fēi cháng hǎo hóu zi jiào yuán bú zhù de zé zé chēng zàn
非常好，猴子教员不住地啧啧称赞。

yǒu yì piān rì jì shī zi gǒu zhè yàng xiě dào
有一篇日记，狮子狗这样写道：

zài yáo yuǎn de sēn lín li wǒ kàn dào le yì zhī táng láng tā cháng
在遥远的森林里，我看到了一只螳螂，它长

约1米，它看到我，眨眼间便跑到了草丛里，它的颜色是绿的，草的颜色也是绿的，好一个“障眼法”呀！

日记内容写得没有任何问题，语言优美、情景交融，简直就是一篇范文。

但有一个数学常识却出现了严重的错误，猴子教员站起身来，对大家说：“同学们，我想问大家几个问题，是关于米、分米、厘米与毫米的。”

“当然可以了，老师请问吧。”狮子狗十分兴奋，因为他期待着老师表扬自己呢！

“这根粉笔长1米吗？”猴子教员问。

“啊，1米长的粉笔？1米是多长啊？”青青问。

小乐回答：“袋鼠蹦一下便是1米，你要爬的

huà fēn zhōng cái kě yǐ pá mǐ wǒ zhǐ yào miǎo biàn kě yǐ pá

话，10分钟才可以爬1米，我只要10秒便可以爬

mǐ

1米。”

bú duì ya lǎo shī fěn bǐ bù kě néng shì mǐ ba yí dìng shì

“不对呀，老师，粉笔不可能是1米吧，一定是

fēn mǐ shī zi gǒu jué de lǎo shī gǎo cuò le

1分米。”狮子狗觉得老师搞错了。

hā ha shī zi gǒu bān zhǎng de huí dá shì zhèng què de nà me

“哈哈，狮子狗班长的回答是正确的。那么，

wǒ zài wèn yí gè wèn tí zhè gēn fěn bǐ kuān yuē duō shǎo shì fēn mǐ

我再问一个问题，这根粉笔宽约多少？是1分米

ma hóu zi jiào yuán xún xún shàn yòu

吗？”猴子教员循循善诱。

“分米？1分米应该等于10厘米，我在暑假里预习过，10厘米也很长的，粉笔不可能那么粗吧？”羚羊看到大家都不吭声，便鼓足勇气站了起来，说道。

“那么，羚羊同学，你觉得应该是多少呢？”

“我觉得，应该是1厘米吧，或者是2厘米，因为我在家里，用尺子量过一根粉笔的宽度。”

“回答正确。还有一个问题，一根头发丝宽约多少？是0.2厘米吗？”

这个问题太难了，头发？那么细，不好测量，一时间，大家面面相觑。

“这个问题还是交给科学家吧，头发，太细了。”蛤蟆同学一句话，加上同时“呱呱”地叫了两声，所有小动物都乐了。

“我告诉大家正确答案吧，一根头发丝的宽度约为0.1~0.2毫米。今天，我之所以讲了数学上的一些常识，就是想告诉大家米、分米、厘米、毫米的区别，千万别弄错了。狮子狗同学，你见过长1米的螳螂吗？”

猴子教员点了狮子狗的名字。

狮子狗的脸一下子成了红布，他知道自己错了，那只螳螂应该长约1分米。

旁边的青青小声嘀咕：“狮子狗大开眼界了，见到了一只成了精的螳螂，太吓人了。”

大家都笑了起来。

千克和吨的故事

蛤蟆同学一直弄不清楚千克和吨的区别，上课回答问题时，他老是回答自己重约1吨，还说漂亮的黄小羊美女重约2吨，黄小羊当时就红了脸，要求蛤蟆同学不要信口雌黄，乱回答问题，乱说是要负责任的。

当天晚上回到家里，蛤蟆同学非常不高兴，饭桌上，妈妈问他详细的原因，他说："妈妈，我太笨了，老是搞不清楚千克与吨的区别，我说黄小羊重约2吨，她骂了我，我当时就哭了。"

妈妈语重心长地说："1千克等于1公斤，我们正常动物的体重都是论千克的，大型动物，比如说大象、狮子和老虎，才可以用得上吨，吨

比千克大，是爸爸，千克是儿子，这样比喻你懂了没有？”

蛤蟆同学依然一头雾水。

妈妈说：“你应该说一位美女重约多少千克，而不是重约多少吨，美女都希望自己体重轻。”

妈妈继续说：“我给你讲一个千克和吨的故事吧，听完了，你就懂了。”

妈妈开始讲故事了：

千克和吨都很自以为是，总认为自己本领最大，经常争得面红耳赤。

一天，兔子妹妹邀请千克和吨到家里做客，兔子妹妹想称一下自己的体重，便请千克和吨帮忙。吨很无礼地挤开了千克，说：“让我来！”可称来称去，显示不出数字，兔子妹妹好像没有体重

yí yàng
一样。

zhè jué duì bù kě néng kàn wǒ de qiān kè yí shì guǒ rán chēng
“这绝对不可能，看我的！”千克一试，果然称

chū le jié guǒ qiān kè zhòng tù zi mèi mei xiào mī mī de shuō xiè
出了结果：11千克重。兔子妹妹笑眯眯地说：“谢

xie nǐ qiān kè dūn zhàng hóng le liǎn huī liū liū de zǒu le ér qiān
谢你，千克！”吨涨红了脸，灰溜溜地走了，而千

kè què zhān zhān zì xǐ
克却沾沾自喜。

过了几天，猴王举行宴会，又邀请千克和吨去赴宴。因为人太多了，所以买的水果也很多。猴王说："感谢大家的光临，我今天买了一车水果，请大家尽情享用。"

千克觉得自己大显身手的机会又来了，便得意扬扬地说："猴大哥，让我来称一称这一车水果有多重吧。"谁知千克刚上秤便大叫起来："啊！"。猴王跑过去一看，只见千克被压得连气都喘不上来了。这时，吨笑呵呵地说："还是让我来吧。"吨轻轻松松地就称出了水果的质量，一共7吨。

猴王看到千克垂头丧气的样子，亲切地说："你和吨都是质量单位，千克适合称较轻的东西，而吨则适合称较重的东西，各有各的长处。只有

xiāng hù xié zhù cái néng jiě jué hǎo wèn tí qiān kè hé dūn tīng le mò
相互协助，才能解决好问题。”千克和吨听了，默

mò de diǎn le diǎn tóu
默地点了点头。

cóng cǐ yǐ hòu qiān kè hé dūn hé mù xiāng chǔ xiāng hù xié zuò
从此以后，千克和吨和睦相处，相互协作，

chéng le xíng yǐng bù lí de hǎo péng you
成了形影不离的好朋友。

há ma hā hā dà xiào qi lai tā shuō wǒ míng bai le qiān kè de
蛤蟆哈哈大笑起来，他说：“我明白了，千克的

néng lì méi yǒu dūn de néng lì dà dàn tā men dōu hěn zhòng yào zhì liàng xiǎo
能力没有吨的能力大，但它们都很重要，质量小

de biàn yòng qiān kè zhì liàng dà de jiù yào yòng dūn le
的便用千克，质量大的就要用吨了。”

há ma zhōng yú míng bai le qiān kè hé dūn de zhēn zhèng qū bié
蛤蟆终于明白了千克和吨的真正区别。

失而复得的人民币

yǎn shǔ xiǎo lè hóng yáng hái yǒu xiǎo mǎ yǐ qīng qing sān wèi hǎo péng
鼹鼠小乐、红羊还有小蚂蚁青青，三位好朋
you xiāng yuē qù yóu lè chǎng wán shuǎ tā men xiān shì dàng qiū qiān jiē xià
友相约去游乐场玩耍，他们先是荡秋千，接下
lái biàn pǎo dào le tiān tī shang miàn wán hǎo kuài lè ya
来，便跑到了天梯上面玩，好快乐呀。

tā men kǒu kě le yǎn shǔ xiǎo lè shuō wǒ kǒu dai li zhuāng zhe qián
他们口渴了，鼹鼠小乐说：“我口袋里装着钱
ne xiǎng hē shén me yǐn liào wǒ qǐng nǐ men
呢？想喝什么饮料，我请你们。”

hóng yáng shuō wǒ yě zhuāng zhe qián ne wǒ mā ma měi tiān dōu gěi
红羊说：“我也装着钱呢，我妈妈每天都给
wǒ líng huā qián wǒ shě bu dé huā dōu zǎn xia lai le
我零花钱，我舍不得花，都攒下来了。”

xiǎo mǎ yǐ qīng qing shuō jiù shì xiǎo lè nǐ yào yīng xióng jiù měi ma
小蚂蚁青青说：“就是，小乐，你要英雄救美吗？”
hā hā
哈哈。

tā men sān gè lái dào xiǎo mài pù dōu yào le qì shuǐ rán hòu zhēng
他们三个来到小卖铺，都要了汽水，然后争
zhe fù qián kě shì xiǎo lè yì mō kǒu dai zháo jí de shuō dào zāo
着付钱，可是，小乐一摸口袋，着急地说道：“糟
le qián bú jiàn le
了！钱不见了。”

yú shì sān gè hǎo péng you gǎn jǐn xún wèn zhōu wéi de yóu kè yǒu mei
于是三个好朋友赶紧询问周围的游客，有没
yǒu jiǎn dào qián yí wèi xiǎo péng yǒu shuō wǒ kàn dào yí wèi shū shu jiǎn dào
有捡到钱，一位小朋友说："我看到一位叔叔捡到
yì dá qián
一沓钱。"

tā men zhǎo dào nà wèi qīng nián rén qīng nián rén shuō wǒ shì jiǎn dào
他们找到那位青年人，青年人说："我是捡到
yì dá qián kě zěn me zhèng míng qián jiù shì nǐ men diū de ne
一沓钱，可怎么证明钱就是你们丢的呢？"

yǎn shǔ xiǎo lè shuō wǒ de nà dá qián quán shì yuán yuán
鼹鼠小乐说："我的那沓钱全是10元、5元、
yuán de zhǐ bì gòng yǒu yuán
2元的纸币，共有178元。"

qīng nián rén kāi shǐ táng sè qi lai bú duì bú duì wǒ jiǎn de qián
青年人开始搪塞起来："不对不对，我捡的钱
shang miàn yǒu yóu bú huì shì nǐ men de nǐ men shì hái zi yí dìng shì mài
上面有油，不会是你们的，你们是孩子，一定是卖
ròu de diū de duì le wǒ qù zhǎo tā qù
肉的丢的，对了，我去找他去。"

xiǎo lè lán zhù le qīng nián rén yǔ tā lǐ lùn qi lai
小乐拦住了青年人，与他理论起来。

qīng nián rén bù xiǎng bǎ qián huán gěi tā men jiù shuō zǒng shù nǐ men
青年人不想把钱还给他们，就说："总数你们
jiǎng duì le kě hái bù néng zhèng míng qián jiù shì nǐ men diū de chú fēi nǐ
讲对了，可还不能证明钱就是你们丢的，除非你
men shuō chū yǒu jǐ zhāng yuán jǐ zhāng yuán jǐ zhāng yuán
们说出有几张10元、几张5元、几张2元。"

yǎn shǔ xiǎo lè jí huài le zhè shéi néng jì de zhù ne wǒ zhǐ jì
鼹鼠小乐急坏了："这谁能记得住呢？我只记

de yuán yǔ yuán de zhāng shù yí yàng
得10元与5元的张数一样。"

xiǎo mǎ yǐ qīng qing shuō xiǎo lè nà nǐ hái jì de yí gòng yǒu duō
小蚂蚁青青说："小乐，那你还记得一共有多

shao zhāng zhǐ bì ma
少张纸币吗？"

xiǎo lè pāi le pāi nǎo dai shuō zhè wǒ jì de yǒu zhāng
小乐拍了拍脑袋，说："这我记得，有34张。"

qīng qing shuō zhè jiù chéng le
青青说："这就成了！"

qīng qing rèn zhēn de xīn suàn zhe xiǎo lè xiǎng dǎ duàn tā kě shì hòu
青青认真地心算着，小乐想打断她，可是，后

来想想，青青肯定想到了好办法。

青青脸上满是笑容，心算了一会儿说道："10元币有10张、5元币有10张、2元币有14张。"

青年人有些吃惊，不过，他从口袋里掏出钱来，一数果然一张不差，他满脸惭愧，只好把钱还给了鼹鼠小乐。

红羊好奇地问："青青，钱不是你保管的，各种钱的张数你是怎么知道的？"

小蚂蚁青青说："其实不难，我假设34张全是2元币，共值2×34=68元，比实际钱数178元少了110元。因为我把10元币与5元币全当作2元币，那一张10元和一张5元币合起来共少了11元，由于10元与5元币张数一样多，所以用一共少的钱数110÷11，就可求出10元币和5元币各有10张，

nà yuán bì jiù yǒu zhāng
那2元币就有34－10－10=14张。”

xiǎo lè tīng wán hòu qīn pèi de shuō dào qīng qing jīn tiān duō kūi nǐ
小乐听完后钦佩地说道：“青青，今天多亏你

le bù rán wǒ men de qián hái yào bu huí lái ne
了，不然我们的钱还要不回来呢。”

小花猫的生日

xiǎo huā māo yào guò shēng rì le zhè kě shì xiǎo huā māo jìn rù sēn lín
小花猫要过生日了，这可是小花猫进入森林
xiǎo xué hòu de dì yī gè shēng rì yīn cǐ xiǎo huā māo jué de gāo xìng jí
小学后的第一个生日，因此，小花猫觉得高兴极
le tā qù xué xiào shí bù jǐn wèi tóng xué men dài qù le shēng rì táng guǒ
了，他去学校时，不仅为同学们带去了生日糖果，
ér qiě hái wèi měi gè xiǎo péng yǒu dōu jīng xīn zhǔn bèi le yí fèn zhù fú
而且，还为每个小朋友都精心准备了一份祝福。

xià wǔ de bān huì shang yě shōu dào yí fèn lǐ wù de bái hè lǎo shī
下午的班会上，也收到一份礼物的白鹤老师
dài lǐng tóng xué men xiàng xiǎo huā māo zhù hè shēng rì kuài lè
带领同学们向小花猫祝贺生日快乐。

měi gè xiǎo péng yǒu dōu shōu dào le xiǎo huā māo zhé de zhǐ hè tài piào
每个小朋友都收到了小花猫折的纸鹤，太漂
liang le
亮了。

shī zi gǒu shuō wǒ dōu bù hǎo yì si le nǐ guò shēng rì jìng
狮子狗说：“我都不好意思了，你过生日，竟
rán sòng wǒ men lǐ wù
然送我们礼物。”

qīng qing shuō xiǎo huā māo rén hǎo dà jiā dōu yīng gāi zhù fú tā
青青说：“小花猫人好，大家都应该祝福她。”

huáng xiǎo yáng yě shuō wǒ jué de xiǎo huā māo kāi le gè hǎo tóu yǐ
黄小羊也说：“我觉得小花猫开了个好头，以

hòu shéi guò shēng rì jiù qǐng dà jiā qù chī yí dùn rú hé
后谁过生日，就请大家去吃一顿如何？”

bái hè lǎo shī tīng dào tā men de tán huà hòu yán sù de pī píng le tā men
白鹤老师听到他们的谈话后，严肃地批评了他们。

hái zi men guò shēng rì shì hǎo shì kě shì bù néng pū zhāng làng fèi jiā zhǎng men zhèng qián bù róng yì de
“孩子们，过生日是好事，可是，不能铺张浪费，家长们挣钱不容易的。”

dà jiā bù gǎn shuō huà le qīng qing zàn tóng lǎo shī de shuō fǎ guò
大家不敢说话了，青青赞同老师的说法：“过

生日吗，不能花很多钱的，更不能喝酒，我听说狮子狗上次过生日，竟然喝醉了，如果老师知道，后果很严重。”

狮子狗赶紧对青青说：“好青青，可不能告诉白鹤老师，不然，我的屁股会开花的。”

放学后，小花猫的家里热闹极了，因为，按照猫的习俗，长辈要给小辈过10岁的生日，爸爸妈妈为小花猫买了新衣服，还准备了长寿面和糖果，小花猫兴奋地问道：“这些糖果都是给我一个人的吗？”妈妈笑道：“当然不是了，一会儿你陪我去给村里的每家每户送长寿面和糖果，剩下的就归你了。”

小花猫欣然同意了，妈妈给每户村民送了7粒糖果和2包长寿面，结束时小花猫发现长寿面正好送完，糖果还剩50粒，小花猫问道：“妈妈，你一共买了多少粒糖果？”妈妈说：“我买的糖果数正好是长寿面数量的4倍，你能算出妈妈一共买了多少粒糖果吗？”小花猫为难地说：“我忘记送了多少户人家了？”

妈妈说：“不知道送了多少户人家也能算出来。”

回到家，小花猫只能求助于爸爸，爸爸说：“糖果是长寿面数量的4倍，每户送7粒糖果和2包长寿面，而当面送完时，糖果还剩50粒，假如每户送8粒糖果和2包长寿面，糖果正好是面的4倍，当长寿面送完时，糖果也应该正好送完，可现在每户只送7粒糖果，少送1粒，就剩下50粒糖果，说明你们送了50户人家，用50×7+50=400粒糖果。”小花猫遗憾地说道：“我怎么就没有想到呢！”

大侦探卡尔

zhōu liù de qīng chén nóng wù lǒng zhào zhe sēn lín níng jìng de sēn lín
周六的清晨，浓雾笼罩着森林，宁静的森林
shēn chù hū rán chuán lái bēi cǎn de kū shēng shì jī dà shěn zài kū rè xīn
深处忽然传来悲惨的哭声，是鸡大婶在哭！热心
de sēn lín gōng mín fēn fēn lái dào jī dà shěn jiā
的森林公民纷纷来到鸡大婶家。

kuài zuǐ de huáng xiǎo yáng wèn dào jī dà shěn chū shén me shì le
快嘴的黄小羊问道：“鸡大婶，出什么事了？”

jī dà shěn kū sù dào zuó tiān yè lǐ wǒ gāng fū chū yì wō xiǎo
鸡大婶哭诉道：“昨天夜里，我刚孵出一窝小
jī bǎo bao yóu yú wǒ tài lèi le dǎ le yí gè dǔnr qīng chén qǐ lái
鸡宝宝，由于我太累了，打了一个盹儿，清晨起来
yí kàn wǒ de jī bǎo bao quán bú jiàn le
一看，我的鸡宝宝全不见了。”

shuō wán jī dà shěn yòu kū le qǐ lái
说完鸡大婶又哭了起来。

dà jiā fēn fēn qiǎn zé kě wù de tōu jī zéi hān hòu de dà xiàng bó
大家纷纷谴责可恶的偷鸡贼。憨厚的大象伯
bo zhàn chu lai shuō dào zuì jìn sēn lín bú tài píng jìng shí cháng yǒu jū mín
伯站出来说道：“最近森林不太平静，时常有居民
fǎn yìng diū shī dōng xi wǒ men bì xū gào su hǔ jǐng
反映丢失东西，我们必须告诉虎警。”

cǐ shí shī zi gǒu gāng gāng qǐ chuáng tīng mā ma shuō zì jǐ de
此时，狮子狗刚刚起床，听妈妈说，自己的

yuǎn fáng biǎo gē dà zhēn tàn kǎ ěr yào lái jiā li zuò kè kǎ ěr kě
远房表哥——大侦探卡尔要来家里做客，卡尔可
shì sēn lín gōng ān jú de dà zhēn tàn céng jīng yì lián pò huò le liù qǐ xiōng
是森林公安局的大侦探，曾经一连破获了六起凶
shā àn
杀案。

dāng shī zi gǒu lái dào shì fā dì diǎn shí fā xiàn zì jǐ de biǎo gē
当狮子狗来到事发地点时，发现自己的表哥
kǎ ěr zhèng zài kān chá xiàn chǎng
卡尔正在勘查现场。

hǔ jǐng rèn shi kǎ ěr yí jiàn miàn mǎ shàng yāo qǐng kǎ ěr bāng zhù
虎警认识卡尔，一见面，马上邀请卡尔帮助
zhēn pò zhè qǐ lí qí de àn jiàn
侦破这起离奇的案件。

kǎ ěr zhēn duì zhè qǐ tè shū àn jiàn zuò le rèn mìng liè bào wéi zhuī
卡尔针对这起特殊案件做了任命：猎豹为追
jī duì zhǎng bái gē wéi zhēn chá yuán cháng wěi hóu wéi àn jiàn fēn xī yuán
击队长、白鸽为侦察员、长尾猴为案件分析员、
hēi xióng wéi jī ná shǒu bān mǎ wéi xìn shǐ
黑熊为缉拿手、斑马为信使……

zhèng zài tā men wèi àn qíng de shì chóu méi bù zhǎn shí gōng ān jú bàn
正在他们为案情的事愁眉不展时，公安局办
gōng shì de diàn huà jí cù de xiǎng le qǐ lái wèi shì kǎ ěr tàn zhǎng
公室的电话急促地响了起来：“喂！是卡尔探长
ma wǒ shì māo tóu yīng wǒ yào fǎn yìng qíng kuàng jīn tiān líng chén wǒ zhèng
吗？我是猫头鹰，我要反映情况，今天凌晨我正
zài gōng zuò shí fā xiàn yǒu jǐ gè guǐ guǐ suì suì de hēi yǐng jìn rù jū mín
在工作时，发现有几个鬼鬼祟祟的黑影进入居民

区，由于雾太大，我没有看清他们的脸。”

猫头鹰的举报信息点燃了卡尔成功破案的希望之火，他赶紧问道：“他们有什么体形特征？几点钟从哪个方向离开居民区的？”

猫头鹰说：“好像是两个有尾巴、一个没有尾巴，应该是五点钟的时候朝北面走的，因为那时我正好要下班回家。”

卡尔接到报案时，抬手看了一下手表正好八点整，卡尔立即对猎豹米奇说：“我们现在赶紧去北面的美好旅店，疑犯们就躲藏在那里！”

卡尔、米奇和狮子狗乘坐直升机，快速飞向美好旅店，疑惑的米奇问道：“卡尔探长，你怎么这么肯定疑犯一定躲藏在美好旅店？”

卡尔乐呵呵地回答道：“猫头鹰五点钟发现

yí fàn lí kāi ér qī diǎn bàn nóng wù yǐ sàn qù tā men yí dìng bù gǎn zài
疑犯离开，而七点半浓雾已散去，他们一定不敢在
bái tiān xíng zǒu kěn dìng huì xún zhǎo lǚ diàn duǒ cáng qi lai yóu yú sēn lín
白天行走，肯定会寻找旅店躲藏起来，由于森林
zhōng yǒu nóng wù jī dòng chē shēng xiǎng yòu bǐ jiào dà kǎo lǜ dào ān quán
中有浓雾，机动车声响又比较大，考虑到安全，
yí fàn men bú huì chéng zuò jī dòng chē yí dìng huì xuǎn zé bù xíng ér qiě
疑犯们不会乘坐机动车，一定会选择步行，而且
tā men xiǎng jìn kuài lí kāi àn fā dì yòu yóu yú nóng wù hé shēn fù zhòng wù
他们想尽快离开案发地，又由于浓雾和身负重物
de yuán yīn tā men de bù xíng sù dù yì bān wéi měi xiǎo shí qiān mǐ zuǒ
的原因，他们的步行速度一般为每小时20千米左

右，五点到七点半两个半小时，他们约走了50千米，从居民区向北50千米处只有一家美好旅店。”

听了卡尔的分析，猎豹米奇满怀信心地说：“这下他们逃不了了！”

卡尔和米奇来到美好旅店向店主一打听，果然有三个人来此，但十分钟前他们租了辆汽车向北走了，卡尔着急地问店主：“汽车的速度是多少？”

店主回答：“每分钟1 000米。”

卡尔赶紧拉上米奇和狮子狗坐上直升机说：“快！五分钟内他们无法进入城区，一定能在路上抓住他们！”

直升机飞快地向北追去，果真见到歪嘴狐狸、独眼老狼、瘸腿棕熊开着汽车正准备进城。

卡尔追上去厉声说道："站住！你们被捕了。"

三个家伙看着黑洞洞的枪口，耷拉下了脑袋。

猎豹米奇说："好险哪！让他们进了城，再想抓住他们可就难了！"

卡尔笑道："我算准了，五分钟定能抓住他们。"

米奇问："你是怎么算出来的？"

卡尔说："从美好旅店到城区有15 000米，他们开汽车需要15分钟，而我们坐直升机每分钟能飞3 000米，由于他们先开10分钟，领先我们10 000米，用10 000÷(3 000－1 000)=5分钟。"

狮子狗与虎警竖起了大拇指称赞表哥卡尔："太厉害了，咱们居然用数学知识打败了三个坏

dàn
蛋。”

dāng rán le biǎo dì shù xué fēi cháng zhòng yào tā zài shēng huó
“当然了，表弟，数学非常重要，它在生活
zhōng de yòng chù dà zhe ne nǐ yǐ hòu yào hǎo hǎo xué xí wǒ de rèn wu
中的用处大着呢，你以后要好好学习。我的任务
wán chéng le wǒ men huí jiā ba kǎ ěr shuō
完成了，我们回家吧。”卡尔说。

wǒ yí dìng yào xiàng tóng xué men hǎo hǎo xuàn yào yí xià yīn wèi wǒ cān
“我一定要向同学们好好炫耀一下，因为我参
yù zhuā huò le sān gè dà huài dàn tài hǎo le shī zi gǒu xīn zhōng kuáng
与抓获了三个大坏蛋，太好了。”狮子狗心中狂
xǐ zhe nǎ chéng xiǎng jìng rán shuāi le yì jiāo nòng de mǎn liǎn dōu shì ní
喜着，哪承想，竟然摔了一跤，弄得满脸都是泥
ba
巴。

失踪的戒指

yóu yú kǎ ěr de yōu xiù biǎo xiàn jìng rán bèi sēn lín gōng ān jú ān
由于卡尔的优秀表现，竟然被森林公安局安
pái dào le sēn lín xiǎo xué qū yù dāng jǐng zhǎng shī zi gǒu gāo xìng huài le
排到了森林小学区域当警长，狮子狗高兴坏了，
jī hū suǒ yǒu de tóng xué dōu zhī dào le kǎ ěr jìng rán shì shī zi gǒu de
几乎所有的同学都知道了，卡尔竟然是狮子狗的
qīn qi
亲戚。

dà xióng xiào zhǎng yě fēi cháng gāo xìng yāo qǐng le kǎ ěr jǐng zhǎng gěi
大熊校长也非常高兴，邀请了卡尔警长给
tóng xué men zuò le hǎo jǐ cì jiǎng zuò kǎ ěr kǒu cái jí hǎo tóng xué men dōu
同学们做了好几次讲座，卡尔口才极好，同学们都
hěn ài tīng kǎ ěr de chuán qí jīng lì
很爱听卡尔的传奇经历。

xiǎo mǎ yǐ qīng qing yí dà zǎo qǐ chuáng biàn fā xiàn mā ma bú jiàn
小蚂蚁青青一大早起床，便发现妈妈不见
le yuán lái mā ma diū shī le zì jǐ de jiè zhi tā zhèng dào chù zhǎo
了，原来，妈妈丢失了自己的戒指，她正到处找
ne yào zhī dào zhè jiè zhi kě shì mā ma jié hūn shí lǎo lao sòng gěi tā
呢，要知道，这戒指可是妈妈结婚时，姥姥送给她
de jié hūn lǐ wù rú guǒ diū le tài kě xī le
的结婚礼物，如果丢了，太可惜了。

qīng qing bào le jǐng bù yí huìr gōng fu kǎ ěr jǐng zhǎng qí zhe
青青报了警，不一会儿工夫，卡尔警长骑着

mó tuō chē fēng fēng huǒ huǒ gǎn le guò lái
摩托车，风风火火赶了过来。

tóng xué men dōu zhī dào qīng qing jiā li fā shēng le dào qiè àn yě gǎn le guò lái
同学们都知道青青家里发生了盗窃案，也赶了过来。

qīng qing mā ma shuō jīn tiān zǎo shang xǐ tóu shí wǒ bǎ jiè zhi tuō xia lai fàng zài le kè tīng li děng wǒ xǐ wán tóu chū lái wǒ de jiè zhi jiù bú jiàn le qián hòu bú dào wǔ fēn zhōng shí jiān
青青妈妈说：“今天早上洗头时，我把戒指脱下来放在了客厅里，等我洗完头出来，我的戒指就不见了，前后不到五分钟时间。”

kǎ ěr jǐng zhǎng lì kè dǎ kāi dāng dì de lù xiàng jiān kòng xì tǒng chá kàn fā xiàn shàng wǔ méi yǒu kě yí rén yuán cóng qīng qing jiā qián hòu jīng guò kǎ ěr jǐng zhǎng xīn xiǎng xiàn zài zuò àn kě néng xìng zuì dà de jiù shì qīng qing de lín jū
卡尔警长立刻打开当地的录像监控系统查看，发现上午没有可疑人员从青青家前后经过，卡尔警长心想：现在作案可能性最大的就是青青的邻居。

lái dào qīng qing jiā li kǎ ěr zuò le xì zhì de diào chá fā xiàn àn fàn méi yǒu liú xià rèn hé zhū sī mǎ jì
来到青青家里，卡尔做了细致的调察，发现案犯没有留下任何蛛丝马迹。

kǎ ěr wèn qīng qing mā ma nǐ jiā zuǒ yòu liǎng biān de lín jū shì shéi
卡尔问：“青青妈妈，你家左右两边的邻居是谁？”

qīng qing gǎn jǐn huí dá wǒ jiā zuǒ biān shì xióng māo ā yí jiā tā
青青赶紧回答：“我家左边是熊猫阿姨家，她
jiā zuó tiān jiù dào wài dì lǚ yóu qù le yòu biān shì kāi chá guǎn de dài shǔ
家昨天就到外地旅游去了，右边是开茶馆的袋鼠
dà jiě
大姐。”

kǎ ěr tīng hòu lái dào qīng qing jiā yòu biān de wéi qiáng chù
卡尔听后，来到青青家右边的围墙处。

dài shǔ jiàn kǎ ěr jǐng zhǎng lái le lián máng shuō huān yíng huān
袋鼠见卡尔警长来了，连忙说：“欢迎！欢
yíng bù zhī jǐng zhǎng dà rén guāng lín xiǎng hē diǎnr shén me chá wǒ zhè
迎！不知警长大人光临，想喝点儿什么茶？我这

里有龙井、铁观音、雀舌、青峰……”袋鼠介绍起自己的茶。

卡尔说：“我不是来喝茶的，你知不知道你的邻居青青妈妈今天上午丢了戒指？”

袋鼠立马板起脸说：“警长不会是怀疑我偷了戒指吧！今天上午我可是一刻也没有离开我的小店，我有证人的。”

只见茶馆里的好多客人纷纷点头道：“今天上午袋鼠为我们烧水、洗杯、泡茶，真没离开过小店。”卡尔找了位茶客问道：“袋鼠一分钟也没有离开你们？”

茶客说：“我们6点钟到时，她在厨房里待了20分钟，后来我们就一直聊天，没有离开过。”卡尔又问袋鼠：“你在厨房里20分钟都干了什么？”

袋鼠说："我可是一分钟也没有闲着，洗开水壶一分钟、烧开水15分钟、洗茶壶一分钟、洗茶杯两分钟、拿茶叶一分钟，卡尔警长，你看我就是想作案，有时间吗？"

卡尔听完后厉声说道："我现在有足够的证据证明是你作的案！从墙脚的脚印、录像的影片、作案的时间，都能证明你偷了青青妈妈的戒指。"

袋鼠狡辩道："我没有作案时间！"

卡尔领着大家来到墙脚，轻轻拨开地面上的沙土，只见袋鼠的脚印清晰可见。

大家不解地问道："可是她没有作案的时间哪？"

卡尔说："袋鼠可以在烧开水时跳出窗口，利用四五分钟时间作案，然后再洗茶壶、洗茶杯、

ná chá yè
拿茶叶。”

dà jiā huǎng rán dà wù kā kǎ ěr gěi dài shǔ kào shàng le shǒu
大家恍然大悟!“咔!”卡尔给袋鼠铐上了手

kào guǒ rán zài dài shǔ de kǒu dai li zhǎo dào le qīng qing mā ma diū shī de
铐,果然在袋鼠的口袋里找到了青青妈妈丢失的

nà méi jié hūn jiè zhi
那枚结婚戒指。

狐狸的阴谋

狮子狗也想学自己的表哥当侦探，因此，有事没事的，他便在人群中观望，他看到一条小青蛇，正在四处寻找什么，他觉得可疑，便上前质问：“青蛇，你想偷东西吗？”

“咦，我的头被撞了一下，有些疼，所以便多扭了几下，难道这也犯法了吗？”

狮子狗觉得自己判断错了，因为青蛇的脑袋的确有些红肿。

但狮子狗没有放弃，觉得市场上一定有机会。

秋天森林里的水果市场生意十分火爆，各式各样的水果，吸引来许许多多的购买者。狐狸最近也开始做起了西瓜买卖。只见他扯开喉咙叫喊招揽生意："卖西瓜啦！又沙又甜的大西瓜，不甜不要钱！"

小猪噜噜正好经过，停下来问道："这西瓜怎么卖呀？"

狐狸见生意上门了，立刻笑脸迎了上去说："我们都是乡亲，你放心，我决不会贵卖你

de jīn yǐ shàng de dà xī guā měi jīn yuán jīn yǐ xià de xiǎo xī
的！8斤以上的大西瓜每斤1元，8斤以下的小西
guā měi jīn jiǎo
瓜每斤8角。”

xiǎo zhū lū lū tīng hú li zhè me yì shuō xīn dòng le shuō dào
小猪噜噜听狐狸这么一说，心动了，说道：
bāng wǒ tiāo yí gè tián xiē de xī guā suàn suàn yào duō shao qián hú li
“帮我挑一个甜些的西瓜！算算要多少钱？”狐狸
zài xī guā duī li zhè ge pāi pai nà ge qiāo qiao xuǎn hǎo yí gè hòu yì
在西瓜堆里这个拍拍，那个敲敲，选好一个后一
chēng zhì liàng shuō dào zhè ge xī guā zhèng hǎo yuán xiǎo zhū lū lu bù
称质量说道：“这个西瓜正好7元！”小猪噜噜不
jiā sī suǒ de tāo chū yuán qián dì gěi hú li hú li gāng jiē guò qián yì
加思索地掏出7元钱递给狐狸，狐狸刚接过钱，一
zhī qiáng yǒu lì de shǒu zhuā zhù le tā hú li niǔ tóu yí kàn yuán lái shì
只强有力的手抓住了他，狐狸扭头一看，原来是
shī zi gǒu
狮子狗。

hú li wèn nǐ nǐ zhuā wǒ gàn shén me bù xiǎng huó le wǒ yòu
狐狸问：“你，你抓我干什么？不想活了？我又
méi yǒu fàn fǎ
没有犯法。”

shī zi gǒu hǎo bù róng yì chǒu zhǔn le jī huì nǎ néng fàng guò ya
狮子狗好不容易瞅准了机会，哪能放过呀，
yú shì tā gāo shēng zhì wèn hú li nǐ qī piàn xiāo fèi zhě xiàn zài gēn
于是，他高声质问狐狸：“你欺骗消费者，现在跟
wǒ dào jǐng chá jú li jiē shòu chǔ fá
我到警察局里接受处罚。”

狐狸狡辩道："我卖瓜收钱，天经地义，犯什么法了？"

狮子狗说："按你8斤以上每斤1元、8斤以下每斤8角的卖法，不可能有哪个瓜正好是7元的！"说完拿起秤重新称了一下刚才的瓜，发现是7斤，应该是5元6角。狐狸见自己的阴谋被揭穿，低下了头。

原来是这样，小猪噜噜这才知道自己上当了，她气急败坏地将西瓜扔在地上，要回了自己的钱，然后扯着狐狸的脖子，准备送到警察局。

远处，警笛响了起来，卡尔探长带领自己的手下赶了过来。

当卡尔知道狮子狗做了一件正确的事情后，他大喜过望，狮子狗原来以为表哥会夸奖自己，

nǎ lǐ xiǎng dào kǎ ěr shǔ luò dào nǐ yīng gāi zhí jiē bào jǐng zhè yàng
哪里想到，卡尔数落道：“你应该直接报警，这样
zuò shì hěn wēi xiǎn de
做是很危险的。”

suī rán wěi qu dàn shī zi gǒu jué de biǎo gē shuō de yǒu dào lǐ
虽然委屈，但狮子狗觉得表哥说得有道理，
bú guò zì jǐ zhuā zhù le yí gè huài dàn yě shì yí jiàn dà kuài rén xīn
不过，自己抓住了一个坏蛋，也是一件大快人心
de xǐ shì
的喜事。

猜谜语(1)

白鹤老师生病了，需要请一周假，这一周的数学课不上了吗？

大家都在猜测着，狮子狗说：“如果能够让小鹿姐姐代替白鹤老师上课就好了。”

小乐说：“狮子狗，你是不是以为小鹿姐姐不严厉，所以，你想让她来上课？”

狮子狗白了小乐一眼，似乎不屑于回答小乐的问题。

青青说：“小鹿姐姐正忙着出嫁呢，恐怕，她不会来为我们上课的。”

正在议论时，教室的门开了，美丽大方的小鹿姐姐站在他们面前。

“同学们，大家上午好，白鹤老师生病了，我替她上本周的课，大家说好吗？”

“当然好了，我们太高兴了。”狮子狗蹦到了桌上，小乐放了一连串的臭屁，就连平日里有些腼腆的大狗熊也在走廊里跳了一支奇怪的大家都看不懂的舞蹈。

小鹿姐姐要上课了，可是，教室里的杂音依然强烈，小乐噘着嘴，低声说：“大家喜欢小鹿姐姐的课，其实就是想玩，瞧一个个臭美的。”

小鹿姐姐罕见地发了火，她举起了教鞭，敲在课桌上，铁青着脸，教室里的空气瞬间紧张起来。

40分钟的课程，上了约一半，小鹿姐姐便不再上新课了，她满脸堆笑地问大家：“我们来猜谜语好不好，与数学有关的谜语，如果大家能够

回答上来，明天的数学课，我们去大自然中上，如何？”

大自然里上课？有昆虫的呢喃，有蝴蝶飞来飞去，更会有野花的香味，太好了，当然同意。

小鹿姐姐说：“$\frac{3}{4}$的倒数，打一成语。”

小鹿姐姐其实是想教训一下大家，因此，这题

mù chū de fēi cháng nán
目出得非常难。

tiáo pí de qīng qing yì zhí rèn zhēn tīng zhe tóng shí tā shǒu zhōng fān
调皮的青青一直认真听着，同时，她手中翻
yuè zhe yì běn chéng yǔ cí diǎn
阅着一本成语词典。

diān sān dǎo sì huí dá wán bì qīng qing mǎ shàng huí dá shang lai
“颠三倒四，回答完毕。”青青马上回答上来。

huí dá zhèng què qǐng jì xù tīng tí dǎ yì chéng
“回答正确，请继续听题。2,4,6,8,10，打一成
yǔ xiǎo lù jiě jie de nǎo dai li jì zhe xǔ duō mí yǔ tā gēn běn jiù
语。”小鹿姐姐的脑袋里记着许多谜语，她根本就
méi yǒu fān yuè rèn hé shū jí biàn tí wèn le
没有翻阅任何书籍便提问了。

qīng qing bú huì zhè dào tí tài fù zá le
青青不会这道题，太复杂了。

shī zi gǒu kàn dà jiā dōu bú huì mǎ shàng shuō guò jì xù xià
狮子狗看大家都不会，马上说：“过，继续下
yì dào rú hé
一道，如何？”

dà jiā xiào le qǐ lái xiǎo lù jiě jie tóng yì le jì xù shuō tí
大家笑了起来，小鹿姐姐同意了，继续说题：
mǎ lù méi yǒu wān dǎ yī shù xué shù yǔ
“马路没有弯？打一数学术语。”

mǎ lù méi yǒu wān jiù shì yì zhí xiàng qián zǒu lou bàn jìng ba
“马路没有弯？就是一直向前走喽，半径吧。”
shī zi gǒu dào shì zhī dào zhè ge shù yǔ
狮子狗倒是知道这个术语。

青青说："错了，应该是直径，半径太短了。"

果然是正确答案，大家对青青刮目相看了。

又一道新题："0000，打一成语。"

大狗熊搔了搔头说："四个0，丈二和尚摸不着头脑了。"

羚羊早就想回答了，他马上站了起来，大家的目光集中在他的身上，可是，他不会，马上脸红红地又坐了下去，大家都笑了起来。

狮子狗想继续说："过。"

又是小蚂蚁青青站了起来说："万无一失。0000加1，就是10000了，这绝对是标准答案。"

当天，小蚂蚁青青成了全班最聪明的小动物，她一口气回答上来小鹿姐姐10个数学谜语，不得不让大家挑大拇指称赞。

wǒ men tài gǎn xiè nǐ le měi lì de qīng qing xiǎo jiě yīn wèi nǐ
“我们太感谢你了，美丽的青青小姐，因为你
shǐ wǒ men yíng dé le yí cì yě wài xué xí de jī huì
使我们赢得了一次野外学习的机会。”

xià kè le quán bān tóng xué dōu biǎo dá duì qīng qing de xiè yì
下课了，全班同学都表达对青青的谢意。

qīng qing ne liǎn hóng hóng de nǎ lǐ ya wǒ dōu bù hǎo yì si le
青青呢，脸红红的。“哪里呀，我都不好意思了。”

做新年衣服

chūn jié mǎ shàng jiù yào dào le xiǎo péng yǒu men dōu kāi shǐ zhǔn bèi guò
春节马上就要到了，小朋友们都开始准备过
nián de yī fu
年的衣服。

qīng qing shì gè nǚ hái zi shí fēn xǐ ài gè zhǒng gè yàng měi lì de
青青是个女孩子，十分喜爱各种各样美丽的
yī fu yīn cǐ tā zǎo zǎo de biàn cuī cù mā ma le
衣服，因此，她早早地便催促妈妈了。

yí gè bàng wǎn mā ma dài tā lái dào le pàng shěn de cái feng diàn li
一个傍晚妈妈带她来到了胖婶的裁缝店里，
zhè shì sēn lín li zuì dà de yì jiā cái feng diàn le rì yè yíng yè pàng shěn
这是森林里最大的一家裁缝店了，日夜营业，胖婶
de shēng yi fēi cháng hǎo kě néng shì chūn jié de yuán gù ba zài jiā shàng
的生意非常好，可能是春节的缘故吧。再加上
pàng shěn de rén yuán hǎo xǔ duō xiǎo dòng wù dōu xǐ huan lái zhè lǐ wán yǒu
胖婶的人缘好，许多小动物都喜欢来这里玩，有
shí hòu bì yǔ yě lái zhè lǐ
时候避雨也来这里。

pàng shěn jiā méi yǒu hái zi yí kàn dào xiǎo qīng qīng tā biàn tíng xià
胖婶家没有孩子，一看到小青青，她便停下
shǒu zhōng de huó mǎ shàng guò lái dòu xiǎo qīng qing
手中的活，马上过来逗小青青。

qīng qing zuǐ tián shuō shěn zi wǒ xiǎng yào yì kuǎn zuì liú xíng de
青青嘴甜，说：“婶子，我想要一款最流行的

chūn jié yī fu nín yǒu xiàn chéng de yàng shì ma
春节衣服，您有现成的样式吗？”

dāng rán yǒu wa wǒ zhī dào nǐ huì guò lái de nǐ shì gè cōng míng
“当然有哇，我知道你会过来的，你是个聪明

de hái zi wǒ shí fēn xǐ huan nǐ
的孩子，我十分喜欢你。”

pàng shěn ná chū yí dà pī xīn yī fu lái xiǎo qīng qing kàn huā le yǎn
胖婶拿出一大批新衣服来，小青青看花了眼，

mā ma zài páng biān zé yǔ zhèng zài máng lù de pàng shěn shuō huà
妈妈在旁边则与正在忙碌的胖婶说话。

qīng qing kàn dào le pàng shěn yǔ tā de tóng shì men zài máng lù zhe pàng
青青看到了胖婶与她的同事们在忙碌着，胖

shěn de shǒu qiǎo de hěn bù yí huìr gōng fu yì kuǎn piào liang de fú zhuāng
婶的手巧得很，不一会儿工夫，一款漂亮的服装
biàn zài tā de shǒu zhōng chǎn shēng le
便在她的手中产生了。

zhèng zài cǐ shí mián mian yě lái le chūn jié shì nǚ hái zi xǐ huan
正在此时，绵绵也来了，春节是女孩子喜欢
de jié rì zuò xīn yī fu de dà duō shì xǐ huan měi de nǚ hái zi mián
的节日，做新衣服的大多是喜欢美的女孩子，绵
mian yě bù lì wài pī zhe wéi jīn xiàng yì zhū dōng tiān de là méi tài piào
绵也不例外，披着围巾，像一株冬天的腊梅，太漂
liang le
亮了。

tiāo le hǎo yí huìr tā men fēn bié tiāo xuǎn le zì jǐ xǐ ài de
挑了好一会儿，她们分别挑选了自己喜爱的
fú zhuāng jìng rán shì tóng yì zhǒng yán sè de ní zi liào pàng shěn kāi wán xiào
服装，竟然是同一种颜色的呢子料，胖婶开玩笑
shuō nǐ men liǎng gè zǒu zài dà jiē shang kěn dìng huì yǒu rén shuō nǐ men shì
说："你们两个走在大街上，肯定会有人说你们是
jiě mèi zhuāng
姐妹装。"

qīng qing hé mián mian kāi xīn jí le tā men bèng zhe tiào zhe wéi zhe
青青和绵绵开心极了，她们蹦着跳着，围着
kuān dà de cái feng diàn tiào qǐ wǔ lai
宽大的裁缝店跳起舞来。

pàng shěn ná chū yí kuài cháng yuē mǐ de ní zi bù liào jìng rán tí
胖婶拿出一块长约16米的呢子布料，竟然提
wèn tí le liǎng gè xiǎo nǚ hái nǐ men kě shì gāo cái shēng nga wǒ yǒu
问题了："两个小女孩，你们可是高材生啊，我有

个问题，一直搞不懂，所以让你来回答。”

青青最喜欢回答问题了，因此，拍着胸脯说：“没有问题。”

绵绵今天也非常高兴，加上期末考试结束后，自己的数学成绩提高了近10分，她也非常自信。

“这块长约16米的呢子布料，每天剪去2米，第几天剪去最后一段呢？”

胖婶开问了。

“当然是8天喽，16除以2，等于8呀？”绵绵觉得这个问题太简单了。

胖婶说：“那就是说，8天以后，你才可以拿到新衣服喽，那个时候，春节可就要过去了。”

青青说：“不是的，这个问题看似简单，却需要

动脑筋的。

如果呢子有2米，就不需要剪；

如果呢子有4米，第一天就可以剪去最后一段，因为4米里有2个2米；

如果呢子有6米，第一天剪去2米，还剩4米，第二天就可以剪去最后一段；

如果呢子有8米，第一天剪去2米，还剩6米，第二天再剪去2米，剩4米，第三天就可以剪去最后一段；

我们可以从中发现规律：所用的天数比2米的个数少1，因此，只要看16米有几个2米就可以解决了。

16除以2等于8，8再减去1正好等于7，应该是7天，7天后正好是除夕。”

zhè me fù zá de wèn tí jìng rán bèi qīng qing tāo tāo bù jué de jiě
这么复杂的问题，竟然被青青滔滔不绝地解
shuō míng bai le pàng shěn jīng dāi le páng biān de mā ma yě gǎn dào bù kě
说明白了，胖婶惊呆了，旁边的妈妈也感到不可
sī yì xiǎo mián mian gèng shì fā shì yào hǎo hǎo xué xí gǎn shang qīng qing
思议。小绵绵更是发誓要好好学习，赶上青青。

pàng shěn shuō zǎo jiù tīng shuō qīng qing cōng huì wú bǐ jīn rì yí
胖婶说："早就听说青青聪慧无比，今日一
jiàn guǒ rán míng bù xū chuán na
见，果然名不虚传哪！"

qīng qing bù hǎo yì si de dī xià le tóu hǎo xiū sè de xiǎo gū
青青不好意思地低下了头，好羞涩的小姑
niang yo
娘哟。

cǐ shí cǐ kè wài miàn zǎo yǒu rén fàng yān huā le liǎng gè hái zi
此时此刻，外面早有人放烟花了，两个孩子
chōng le chū qù dà jiē shang yān huā xuàn làn nán hái zi men zhèng zài dào
冲了出去，大街上，烟花绚烂，男孩子们正在到
chù fēng kuáng zhuī gǎn zhe wán shuǎ tā men shǒu zhōng de yān huā bù tíng de rán
处疯狂追赶着玩耍，他们手中的烟花不停地燃
fàng zhe zhěng gè sēn lín chéng le bú yè chéng
放着，整个森林成了不夜城。

qīng qing yǔ mián mian yě jiā rù qí zhōng zhēn gāo xìng nga mǎ shàng guò
青青与绵绵也加入其中，真高兴啊，马上过
chūn jié lou
春节喽。

猜谜语(2)

chūn tiān dào le yáng chūn sān yuè dà dì fù sū sēn lín li chóng xīn huàn fā le shēng jī

春天到了，阳春三月，大地复苏，森林里重新焕发了生机。

jīn tiān de shù xué kè shang bái hè lǎo shī chū le yí dào mí yǔ tí zhè dào tí shì yóu yǔ wén zhī shi zǔ chéng de shù xué tí

今天的数学课上，白鹤老师出了一道谜语题，这道题是由语文知识组成的数学题。

```
    好啊好
 + 真是好
 ————————
  真是好啊
```

shàng miàn suàn shì zhōng měi gè hàn zì dài biǎo yí gè shù zì bù tóng de hàn zì biǎo shì bù tóng de shù zì dāng tā men gè dài biǎo shén me shù zì shí zhè ge shì zi shì chéng lì de

上面算式中，每个汉字代表一个数字，不同的汉字表示不同的数字，当它们各代表什么数字时，这个式子是成立的。

zhè dào tí bié chū xīn cái ràng rén ěr mù yì xīn què yě yǒu xiē mō bù zháo tóu nǎo

这道题别出心裁，让人耳目一新，却也有些摸不着头脑。

qīng qing zhè liǎng tiān yǒu xiē fā shāo yīn cǐ jīn tiān tā qǐng jià le

青青这两天有些发烧，因此，今天她请假了。

shī zi gǒu bān zhǎng chǒu zhe bān li de qí tā xiǎo tóng xué bù tíng de
狮子狗班长瞅着班里的其他小同学，不停地
cuī cù zhe dà jiā nǎ wèi kě yǐ huí dá
催促着大家：“哪位可以回答？”

xiǎo lè dī shēng dí gu zhe nǐ wèi shén me bù huí dá lǎo shì ràng
小乐低声嘀咕着：“你为什么不回答，老是让
bié rén huí dá
别人回答。”

hóu zi chāng chang zài qù nián de qī mò kǎo shì zhōng kǎo le quán bān
猴子昌昌在去年的期末考试中，考了全班
dì èr míng zhǐ yǐ yì fēn zhī chā bài gěi le qīng qing yīn cǐ tā biē zhe
第二名，只以一分之差败给了青青，因此，他憋着
yì gǔ zi jìn
一鼓子劲。

chāng chang de shù xué chéng jì fēi cháng hǎo dàn jiù shì yǔ wén chéng
昌昌的数学成绩非常好，但就是语文成
jì yǒu xiē chà zhè yě shì tā de ruǎn lèi yīn cǐ yí kàn dào zhè dào tí
绩有些差，这也是他的软肋，因此，一看到这道题，
tā yě yǒu xiē yūn tóu zhuàn xiàng de
他也有些晕头转向的。

bān li yǒu xiē xiǎo péng yǒu běn lái xiǎng shuì jiào le yīn wèi chūn tiān róng
班里有些小朋友，本来想睡觉了，因为春天容
yì shǐ rén fā kùn dàn zhè dào tí de chū xiàn ràng tā men huó yuè qi lai
易使人发困，但这道题的出现，让他们活跃起来。

bái hè lǎo shī zhǐ gěi le bàn gè xiǎo shí shí jiān biàn chū qù kāi huì le
白鹤老师只给了半个小时时间，便出去开会了。

xǔ duō xiǎo péng yǒu zài hēi bǎn shang yòng fěn bǐ xiě zhe kě shì dá
许多小朋友在黑板上用粉笔写着，可是，答

案却是不准确的。

“如果青青在就好了。”狮子狗小声说着。

“猴子昌昌不是啥都会吗？昌昌，你赶紧回答呀，我们这么多小动物，都不会。”小乐有些怀疑昌昌的能力。

昌昌一直低着头，认真地演算着，好一会儿，他高兴地抬起了头。

昌昌来到了讲台上，说：“我们可以分析一下，由于是三位数加上三位数，其和为四位数，所以‘真’等于1，由于十位数最多向百位数进1，因而百位上的数‘是’等于0，‘好’应该是8或者9。

下面该分析是8还是9了，如果是8，个位上因为8+8=16，所以‘啊’等于6，而十位上，由于6+0+1=7而不等于8，所以‘好’不会等于8；

如果‘好’是9，个位上应为9+9=18，所以‘啊’等于8，十位上，8+0+1=9，百位上，9+1=10，这个问题就解决了。”

“昌昌，这么深奥的难题，你是怎么想出来的，我觉得你好伟大呀。”狮子狗头一次有些崇拜猴子昌昌了。

“我原来以为你不行，现在看来，是我不行喽。”鼹鼠小乐也不由得站起身来。

“其实，没什么，我的语文不太好，刚开始也被难住了，通过这个问题，我发现自己的语文确实需要提高，到四年级时，我一定要让语文成绩成为全班第一。”猴子昌昌又有些不谦虚了。

不过这一次，大家没有埋怨他，反而觉得他有些可爱。

是的，这么难的问题都解决了，说明猴子昌昌确实是有水平的。

白鹤老师回来了，看到了正确答案，她首先鼓了鼓掌，同时，老师宣布："同学们，我们下个月要派两位同学去参加全森林奥林匹克数学竞赛，这是一次难得的机会，我们要商量一下，该派谁去呢？"

狮子狗说："老师，我觉得不用选了吧，青青与昌昌吧。"

昌昌小声说："老师，我自我推荐，我去年参加过一次，得了个三等奖，今年，我想拿一等奖。"

大家一致推选蚂蚁青青与猴子昌昌参加这次竞赛。

白鹤老师说："明天起，两位同学便要接受培训了，学校专门请了一位资深的奥林匹克数学专家做辅导，希望你们取得好成绩。"

猴子昌昌晚上回家时，顺便去了青青家，青青生病了，它是去看望青青的，同时告诉了青青这个消息，青青的病一下子全好了，她说："昌昌，我们并肩作战吧。"

"OK！"昌昌大声回答。

遇到了妖怪

zhōu liù de shàng wǔ xiǎo lè shī zi gǒu hái yǒu qīng qing sān gè xiǎo
周六的上午，小乐、狮子狗还有青青三个小
péng yǒu yì qǐ xiāng yuē qù yě wài yóu wán
朋友一起相约去野外游玩。

tā men zǒu le hěn yuǎn bù zhī bù jué jiān biàn zǒu chū le sēn lín xì
他们走了很远，不知不觉间便走出了森林系
tǒng de guǎn xiá fàn wéi miàn qián shì lìng wài yí zuò gāo dà de shān
统的管辖范围，面前是另外一座高大的山。

shī zi gǒu yǔ qīng qing lèi huài le tǎng zài yí dà duī shù yè li shuì
狮子狗与青青累坏了，躺在一大堆树叶里睡
jiào ràng yǎn shǔ xiǎo lè fàng shào
觉，让鼹鼠小乐放哨。

xiǎo lè yě lèi huài le yí zuò xià biàn xiǎng shuì jiào dàn wèi le ān
小乐也累坏了，一坐下便想睡觉，但为了安
quán tā suǒ xìng zhàn le qǐ lái xiàng shān li zǒu qù
全，它索性站了起来，向山里走去。

xiǎo lè lái dào yí piàn shù lín tā tīng dào lǐ miàn chuán lái le qí guài
小乐来到一片树林，它听到里面传来了奇怪
de shēng yīn yú shì xiǎo lè duǒ dào yì kē shù hòu miàn fā xiàn lǐ miàn yǒu
的声音，于是，小乐躲到一棵树后面，发现里面有
gōu huǒ zài rán shāo yǒu hǎo jǐ gè yāo guài wéi zuò zài yì qǐ zhèng zài hē
篝火在燃烧，有好几个妖怪围坐在一起，正在喝
jiǔ chī ròu
酒吃肉。

小乐吓坏了，头也不回地跑了回去，一不小心，踩到了狮子狗身上，狮子狗“妈呀”一声，打了一个喷嚏，将正在睡觉的小蚂蚁青青吹到了树上，又摔了下来，青青大叫起来。

“有妖怪？吓死我了。”

“妖怪？不会吧，这儿会有妖怪吗？小乐，有多少只妖怪，我正想收拾它们呢？”狮子狗张牙舞爪地说。

青青也说：“它们在干吗？吃肉吗？”

小乐有心想难为一下他们，说：“让一个男妖看，男妖恰好是女妖的一半；让一个女妖看，她看到的是三个男妖和三个女妖，男妖、女妖一样多。”

狮子狗掐指算了算：“这么说，有100名男妖和100名女妖喽，我的天哪，我们快跑吧。”

正在此时，远处传来了一群人的打闹声：“哥哥，我们一会儿去森林里，那里肉多酒多。”

另一个声音回答：“当然可以呀，我们这么多人，一定可以统治他们，我们轮流坐皇帝。”

青青爬到了树上，她眼尖，却只看到七个人，四个女孩子，三个男孩子，她笑了起来。

“狮子狗先生，你别着急跑呀，到底是多少个男妖，多少个女妖哇？”

青青与小乐会心地一笑。

“到这个时候了，你们还有时间笑，一会儿，它们发现我们了，我们全都会变成它们的美餐。不管有多少，就是一个妖怪，我也害怕呀。”

“可是，刚才你不是说，你正想会会妖怪吗？”

“那是刚才，现在，我听到它们吃肉的声音，

wǒ jiù hài pà hài pà jí le
我就害怕，害怕极了。”

zhèng shuō zhe yì qún rén zǒu le jìn lái tā men kàn dào le sān gè
正说着，一群人走了进来，它们看到了三个
xiǎo dòng wù xiǎo dòng wù shí fēn guāi qiǎo rě de qí zhōng yí gè nǚ hái zi
小动物，小动物十分乖巧，惹得其中一个女孩子
jiāng shǒu zhōng de yì xiē shí pǐn sòng gěi le tā men
将手中的一些食品送给了他们。

bú shì yāo guài shì rén lèi hào kè de rén lèi bú duì ya nán
“不是妖怪，是人类，好客的人类，不对呀，男
de yǒu sān rén nǚ de yǒu sì rén xiǎo lè nǐ gǎo cuò le ba
的有三人，女的有四人，小乐，你搞错了吧。”

“我刚才的题目说得非常清楚呀，让一个男妖看，男妖恰好是女妖的一半；让一个女妖看，它看到的是三个男妖和三个女妖，男妖女妖一样多。答案就是：男妖三个，女妖四个。”

小乐哈哈大笑起来。

青青也笑了。

只有狮子狗，仍然扳着指头计算着，看来，他是真的糊涂了，是被“妖怪”吓傻了吧。

农家乐

hóu zi chāng chang zhǔn bèi dào xiāng xia qù le tā zhǎo dào yǎn shǔ xiǎo
猴子昌昌准备到乡下去了，他找到鼹鼠小
lè yǔ zì jǐ tóng xíng tā men lì yòng zhōu mò shí jiān zuò zhe sēn lín gōng
乐与自己同行，他们利用周末时间，坐着森林公
jiāo chē yí lù chàng zhe gē dào le xiāng xia
交车，一路唱着歌，到了乡下。

chāng chang de dà bó zài xiāng xia zhòng shuǐ guǒ ne xiàn zài zhèng shì shuǐ
昌昌的大伯在乡下种水果呢，现在正是水
guǒ shōu huò de jì jié yǎn shǔ xiǎo lè de kǒu shuǐ dōu kuài liú chu lai le
果收获的季节，鼹鼠小乐的口水都快流出来了。

tā liǎ zǒu jìn dà bó jiā de yuán zi kàn dào dà bó de liǎng gè ér
他俩走进大伯家的园子，看到大伯的两个儿
zi zhèng zài yuán li zhāi huáng guā chāng chang kàn dào mǎn mǎn yì lán zi de
子正在园里摘黄瓜，昌昌看到满满一篮子的
huáng guā wèn dào nǐ liǎ zhāi le duō shao gēn huáng guā
黄瓜问道："你俩摘了多少根黄瓜？"

wán pí de xiǎo ér zi méi yǒu huí dá què pāi shǒu chàng qǐ le tóng yáo
顽皮的小儿子没有回答却拍手唱起了童谣：
xiōng dì èr rén zhāi huáng guā yí gòng zhāi le qī shí bā gē ge duō zhāi
"兄弟二人摘黄瓜，一共摘了七十八，哥哥多摘
zhěng bā gēn èr rén gè zhāi duō shao guā
整八根，二人各摘多少瓜？"

yǎn shǔ xiǎo lè yì tīng xiào dào hā hā xiǎo péng yǒu kǎo wǒ men ne
鼹鼠小乐一听笑道："哈哈，小朋友考我们呢。"

tā xiǎng le xiǎng shuō dì di zhāi le sān shí wǔ gēn gē ge zhāi le
他想了想说：“弟弟摘了三十五根，哥哥摘了
sì shí sān gēn
四十三根。”

xiǎo lè hé chāng chang suí dà bó lái dào hòu yuán jiàn dà mā zhèng zài
小乐和昌昌随大伯来到后园，见大妈正在
hé biān huàn yā zi guī lóng xiǎo lè rè xīn de wèn dào dà mā yí gòng yǒu
河边唤鸭子归笼，小乐热心的问道：“大妈一共有
duō shao zhī yā zi wǒ men bāng nǐ gǎn ba
多少只鸭子，我们帮你赶吧。”

dà mā tóng yàng yě lè hē hē de chàng dào tài yáng luò shān wǎn xiá
大妈同样也乐呵呵地唱道：“太阳落山晚霞

红，我把鸭子赶回笼。一半待在水中叫，一半的一半进笼中。剩下十五围着我，我的鸭子共多少？”

小乐怕昌昌抢先了，连忙说：“我知道，15×2×2=60只。”

晚上，昌昌和小乐与大伯一家围坐在葡萄架下，大伯抱来一个大西瓜，笑呵呵地递给昌昌一把切瓜刀说：“要说稀奇不稀奇，这儿有道切瓜题，三刀切成七块瓜，吃完剩下八块皮。”

昌昌为难地说：“切成七块不难，可是怎么吃完有八块皮呢？”

小乐提示着在台上画了个三角形，昌昌看后一拍脑门说道：“我知道了！”

昌昌切完瓜也不甘示弱，说道：“稀奇稀奇真稀奇，刀切西瓜有难题，一个西瓜大又圆，四刀

qiē chéng jiǔ kuài qí chī wán què shèng shí kuài pí
切成九块齐，吃完却剩十块皮！”

chāng chang hé xiǎo lè yòu yú kuài de dù guò le yì tiān tǎng zài chuáng
昌昌和小乐又愉快地度过了一天，躺在床

shang tā liǎ yóu zhōng de gǎn tàn dào shēng huó zhōng chù chù yǒu shù xué
上，他俩由衷地感叹道：“生活中处处有数学

ya
呀！”

三个大侠的故事

hóu zi chāng chang shī zi gǒu yǎn shǔ xiǎo lè zài ér tóng lè yuán li
猴子昌昌、狮子狗、鼹鼠小乐在儿童乐园里
dōng zhuàn zhuàn xī guàng guàng kě shēn shang yì fēn qián yě méi yǒu shén me yóu
东转转西逛逛，可身上一分钱也没有，什么游
lè xiàng mù yě wán bù chéng hóu zi chāng chang jiàn shī zi gǒu wú jīng dǎ
乐项目也玩不成，猴子昌昌见狮子狗无精打
cǎi jiù shuō dào shī zi gǒu wǒ men bǎi tān zì jǐ zhèng qián
采，就说道："狮子狗，我们摆摊自己挣钱。"

shī zi gǒu shuō nǐ shēn shang yǒu shén me dōng xi kě mài ma
狮子狗说："你身上有什么东西可卖吗？"

hóu zi chāng chang shuō suī rán wǒ men méi yǒu dōng xi kě wǒ men
猴子昌昌说："虽然我们没有东西，可我们
yǒu yì shēn de běn lǐng kě yǐ mài yì ya
有一身的本领，可以卖艺呀！"

shī zi gǒu tīng le dùn shí lái le jīng shen shuō dào hǎo wa wǒ men
狮子狗听了顿时来了精神，说道："好哇，我们
jiù mài yì yǎn shǔ xiǎo lè nǐ jì zhàng
就卖艺，鼹鼠小乐你记账！"

sān rén shuō gàn jiù gàn guǒ rán xī yǐn le xǔ duō kè rén hóu zi
三人说干就干，果然吸引了许多客人，猴子
chāng chang biǎo yǎn de shì tā ná shǒu de fān jīn dǒu shuǎ gùn shī zi gǒu biǎo
昌昌表演的是他拿手的翻筋斗、耍棍，狮子狗表
yǎn de shì dà lì shì bù yí huìr jiù dé dào le xǔ duō yóu kè de juān
演的是大力士，不一会儿就得到了许多游客的捐

zèng yǎn shǔ xiǎo lè yì bǐ bǐ de dōu jì lù le xià lái
赠，鼹鼠小乐一笔笔地都记录了下来。

biǎo yǎn yì jié shù sān rén bǎ shōu dào de xiàn jīn yǔ zhàng běn yì hé
表演一结束，三人把收到的现金与账本一核
duì fā xiàn shǎo le yuán
对，发现少了10.8元。

shī zi gǒu shuō xiǎo lè wǒ men xīn kǔ de biǎo yǎn nǐ què tōu tōu
狮子狗说："小乐，我们辛苦地表演，你却偷偷
de cáng qián
地藏钱！"

bèi yuān wang de yǎn shǔ xiǎo lè hán zhe lèi shuǐ shuō wǒ méi yǒu
被冤枉的鼹鼠小乐含着泪水说："我没有
cáng qián
藏钱！"

猴子昌昌对鼹鼠小乐说："我相信你！你查一查，账本上有没有一笔12元的捐赠。"

鼹鼠小乐一查账本，果然有一笔12元的捐赠，猴子昌昌笑道："那就对了！我记得有一位小朋友捐了1.2元，你肯定记成了12元。"

狮子狗不解地问道："昌昌，你怎么知道小乐会把1.2元记成12元呢？"

猴子昌昌说："因为这少了的10.8元是小数点向右移动一位造成的，如果把捐的钱看作一份，那记错后就变成原来的10倍，少了9份，用10.8÷(10－1)=1.2元，就可知道捐了1.2元，而被错记成了12元。"狮子狗不好意思地说："原来是这么回事，鼹鼠小乐，对不起！我错怪你了。"

猴子昌昌、狮子狗、鼹鼠小乐三人各分了一些

钱，去玩自己喜欢的游戏。突然狮子狗听到“一元赢大奖！一元赢大奖！奖品随你拿！”，狮子狗连忙跑过去，挤进去一看，原来是有人在搞“一元赢大奖”的活动，狮子狗心想：“正好试试我的手气。”

于是他问道：“老板，这个游戏怎么玩？”

老板说：“很简单，台上有7个杯口全朝上的杯子，只要翻动杯子，使杯口全部朝下，你就能赢得大奖，但每人每次只能任意翻动4个杯子，一元钱可翻动10次，如果杯口全朝下了，这些奖品你随便拿！”

狮子狗一看有好多奖品，自信地说：“看我的！”

说完他就开始翻动杯子，可10次翻完了，也没能成功，不服输的他又玩了好几次，口袋里的钱所剩无几了，正当狮子狗交钱还想玩时，猴子昌昌一把拉住狮子狗说道："就是再给你玩一万次，你也不可能成功，这是骗人的游戏！"

老板狡辩道："是这位朋友手气不好，怎么能说我的游戏是骗人的？"

猴子昌昌说："因为7个杯口朝上变成全朝下，必须翻动奇数次才行，可每人每次只能翻4个杯子，无论翻动多少次，也就是4×次数只能得到偶数次，永远不可能成功！"老板见自己的骗局被人识破了，收起行囊灰溜溜地走了。狮子狗垂头丧气地说道："昌昌，你要早点来就好了，我的钱全被他骗走了！"

可怜的小熊

绵绵与黄小羊相约去外面玩耍，他们跑到了山的另一面，那里风景优美，景色宜人，他们流连忘返。

可是半路上，他们竟然遇到了一只哭泣的小熊，他哭得十分伤心。

绵绵与黄小羊拦住了小熊，想帮助他，他们问小熊：“怎么了？谁欺负你了吗？”

小熊讲了自己的故事：

小熊的妈妈生病了，为了能挣钱替妈妈治病，小熊每天天不亮就起床下河捕鱼，赶早市到菜场卖鱼。

一天，小熊刚摆好鱼摊，狐狸、黑狗和老狼就来了。

小熊见有顾客光临，急忙招呼："买鱼吗，我这鱼刚捕来的，新鲜着呢！"狐狸边翻弄着鱼边问："这么新鲜的鱼，多少钱一千克？"

小熊满脸堆笑："便宜了，4元一千克。"

老狼摇摇头："我老了，牙齿不行了，我只想买点鱼身。"

小熊面露难色："我把鱼身卖给你，鱼头、鱼尾卖给谁呢？"

狐狸甩甩尾巴道："是呀，这剩下的谁也不愿意买，不过，狼大叔牙不好，也只能吃点鱼肉。这样吧，我和黑狗牙好，咱俩一个买鱼头，一个买鱼尾，不就既帮了狼大叔，又帮了你熊老弟了吗？"

小熊一听直拍手，但仍有点迟疑："好倒好，

可价钱怎么定？”

狐狸眼珠一转，答道：“鱼身2元1千克，鱼头、鱼尾各1元1千克，不正好是4元1千克吗？”

小熊在地上用小棍儿画了画，然后一拍大腿，说：“好，就这么办！”

四人一齐动手，不一会儿就把鱼头、鱼尾、鱼身分好了，小熊一过秤，鱼身35千克70元；鱼头15千克15元，鱼尾10千克10元。老狼、狐狸和黑狗提着鱼，飞快地跑到林子里，把鱼头、鱼身、鱼尾配好，重新平分了。

可是，奇怪的事情发生了，小熊只得到了95元钱，妈妈会生气的，是我算错了吗？可是，没有错呀？

小熊在回家的路上，边走边想：我60千克鱼按4元1千克应卖240元，可怎么现在只卖了95元……小熊怎么也理不出头绪来。

想起这些钱是为妈妈治病的，因此，他便大哭了起来。

绵绵说："好像不对劲哪，你可能受狐狸的

piàn le
骗了。”

huáng xiǎo yáng shuō shì ya yīn wèi yú shēn yuán qiān kè yú tóu
黄小羊说：“是呀，因为鱼身2元1千克，鱼头
yú wěi gè yuán qiān kè bìng bù děng yú yú yuán qiān kè ya
鱼尾各1元1千克，并不等于鱼4元1千克呀！”

yuán lái shì zhè yàng nga xiàn zài wǒ míng bai le zhè kě zěn me bàn
“原来是这样啊，现在我明白了，这可怎么办
ya wǒ mài yú de qián yào gěi mā ma zhì bìng de mā ma réng rán tǎng zài
呀？我卖鱼的钱，要给妈妈治病的，妈妈仍然躺在
chuáng shang ne xiǎo xióng shuō
床上呢！”小熊说。

nǐ bú yào kū nǐ zhī dào hú li de jiā ma wǒ men guò qù zhǎo
“你不要哭，你知道狐狸的家吗？我们过去找
tā qù ràng tā bāo péi suǒ yǒu de sǔn shī huáng xiǎo yáng yǔ mián mian yì kǒu
他去，让他包赔所有的损失。”黄小羊与绵绵异口
tóng shēng de shuō
同声地说。

huáng xiǎo yáng shuō wǒ men sān gè shì lì yǒu xiē xiǎo wa rú guǒ
黄小羊说：“我们三个，势力有些小哇，如果
dǎ qǐ jià lái huì chī kūi de zhè kě zěn me bàn na
打起架来，会吃亏的，这可怎么办哪？”

zhèng chóu méi kǔ liǎn shí tā men kàn dào le shī zi gǒu bān zhǎng tā
正愁眉苦脸时，他们看到了狮子狗班长，他
zhèng yōu xián zì zài de duó zhe bù tā kàn dào le yì qún hú dié biàn zhuī zhú
正悠闲自在地踱着步，他看到了一群蝴蝶，便追逐
qi lai
起来。

狮子狗今天来这里送一个亲戚，刚刚返回，正准备回家向妈妈汇报呢？

狮子狗看到了他们，听他们讲述了经过后，马上拍着胸脯说：“走，找他们去，不行，我咬死他们。”

狐狸站在门口，不知所措，但他目光狡猾，想抵赖。

黄小羊说：“你用这个方法欺骗了一个弱者，你必须按照整个鱼价给他结算，否则，就是骗子，我们将你送到森林法庭去。”

绵绵说：“小熊才上小学二年级，我们可是小学三年级的学生了，你骗不了我们，要么包赔损失，要么立即随我们去见警察。”

狐狸垂头丧气地承认自己骗了小熊。

xiǎo xióng dé dào le qí yú de qián gāo xìng huài le huí qù de lù
小熊得到了其余的钱，高兴坏了，回去的路

shang tā yào qǐng mián mian huáng xiǎo yáng hé shī zi gǒu chī xuě gāo shī zi
上，他要请绵绵、黄小羊和狮子狗吃雪糕，狮子

gǒu shuō nǐ gǎn jǐn huí jiā gěi mā ma kàn bìng ba yǐ hòu yào xiǎo xīn xiē
狗说：“你赶紧回家给妈妈看病吧，以后要小心些，

bú yào shàng dàng le hái yǒu yào hǎo hǎo xué xí yo rú guǒ bù hǎo hǎo xué
不要上当了，还有，要好好学习哟，如果不好好学

xí huì chī kūi de
习，会吃亏的。”

wǒ zhī dào le xiè xiè nǐ men zài jiàn
“我知道了，谢谢你们，再见。”

你可以过几次生日？

bān li de xiǎo péng yǒu yuè fèn yǒu xǔ duō guò shēng rì de bái
班里的小朋友，10月份有许多过生日的，白
hè lǎo shī zhuān mén jiàn lì le shēng rì dàng àn yīn cǐ zài měi nián de
鹤老师专门建立了生日档案，因此，在每年的10
yuè fèn yě shì quán bān zuì rè nào kuài lè de rì zi
月份，也是全班最热闹快乐的日子。

měi féng yí gè xiǎo péng yǒu guò shēng rì zǒng huì yǒu yì xiē huó dòng
每逢一个小朋友过生日，总会有一些活动，

比如说歌唱比赛、演讲比赛或者是生日宴会等，根据统计，10月份，一共有15个小朋友过生日，狮子狗班长忙坏了，因为他负责统计每个小朋友的生日日期，他生怕由于自己的疏忽，将哪个小朋友的生日忘了。

班里有一个小朋友，不喜欢过10月份，因为他的生日不在10月份，而是在2月份。

他便是小乌龟奇奇，小乌龟学习非常好，尤其是近来进步明显，老师十分喜欢他。

第一个小朋友过生日时，奇奇闷闷不乐，什么东西也不吃，只是蹲在自己的位置上发愣。

狮子狗班长要求他上台表演节目时，他竟然一句话也不说，说自己不舒服。

白鹤老师也非常关注他，接近他时，摸了摸

tā de tóu kàn tā shì fǒu fā shāo le
他的头，看他是否发烧了？

tā méi shēng bìng lǎo shī wǒ zhī dào tā zěn me le cōng huì de
“他没生病，老师，我知道他怎么了？”聪慧的
xiǎo qīng qing wú suǒ bù zhī
小青青无所不知。

qīng qing lā zhe lǎo shī lái dào le jiào shì wài tou
青青拉着老师来到了教室外头。

lǎo shī tā de shēng rì zài měi nián de yuè fèn
“老师，他的生日在每年的2月份。”

yuè fèn yě hěn zhèng cháng nga wǒ men míng nián yuè fèn yě huì gěi
“2月份也很正常啊，我们明年2月份也会给
tā guò shēng rì de bái hè lǎo shī shuō
他过生日的。”白鹤老师说。

míng nián guò bù liǎo tā de shēng rì zài yuè rì shì rùn nián
“明年过不了，他的生日在2月29日，是闰年，
sì nián cái yǒu yí cì de qīng qing yí jù huà bái hè lǎo shī cái huǎng rán
四年才有一次的。”青青一句话，白鹤老师才恍然
dà wù
大悟。

yuán lái rú cǐ bái hè lǎo shī xiào zhe huí dào jiào shì li
“原来如此。”白鹤老师笑着回到教室里。

xià kè shí bái hè lǎo shī jiào le qí qi
下课时，白鹤老师叫了奇奇。

qí qi lǎo shī zhī dào nǐ de shēng rì zài měi nián de yuè
“奇奇，老师知道你的生日在每年的2月29
rì zhè bú yào jǐn na nǐ kě yǐ guò nóng lì shēng rì ya nóng lì shēng
日，这不要紧哪，你可以过农历生日呀，农历生

rì měi nián dōu kě yǐ yǒu de
日，每年都可以有的。”

nóng lì shēng rì duì ya tài hǎo le
“农历生日，对呀，太好了。”

zhèng shuō huà shí xiǎo mǎ yǐ qīng qing pǎo le guò lái qí qi zhè
正说话时，小蚂蚁青青跑了过来：“奇奇，这
xià nǐ kāi xīn le ba fàng xīn ba míng nián nǐ zhào yàng huì yǒu shēng rì yàn
下你开心了吧，放心吧，明年，你照样会有生日宴
huì de
会的。”

qí qi pò tì wéi xiào le zhè xià zi zǒng suàn jiě le tā de xīn jié
奇奇破涕为笑了，这下子，总算解了他的心结。

zhōu yī shì xiǎo péng yǒu lè le de shēng rì xià wǔ zuì hòu yì jié
周一是小朋友乐乐的生日，下午最后一节
kè bān li zǔ zhī le bié kāi shēng miàn de qìng zhù huó dòng
课，班里组织了别开生面的庆祝活动。

bái hè lǎo shī tū rán jiān tí le yí gè wèn tí yǒu yí gè xiǎo péng
白鹤老师突然间提了一个问题：“有一个小朋
yǒu shì měi nián de yuè rì guò shēng rì nà me zài tā suì zhī
友，是每年的2月29日过生日，那么，在他24岁之
qián tā kě yǐ guò jǐ cì shēng rì ya
前，他可以过几次生日呀？”

zhè ge wèn tí nán zhù le xǔ duō xiǎo dòng wù lè le shì zhǔ jiǎo dàn
这个问题难住了许多小动物，乐乐是主角，但
shì tā què huí dá bú shàng lái tā duì píng nián yǔ rùn nián de gài niàn fēi cháng
是他却回答不上来，他对平年与闰年的概念非常
bù shú xi lǎo shì nòng cuò
不熟悉，老是弄错。

狮子狗班长是个“马大哈”，摇了摇头，表示自己不会回答。

小老鼠机灵得很，他翻了翻书后，站起来回答道：“老师，我知道准确答案，应该可以过7个生日，因为平年与闰年之间隔了四年。”

“回答正确，那么，各位小朋友，这位同学就不高兴了，因为明年就无法为他过生日了。我要告诉大家，我们可以过农历的生日，农历的生日，每年都会有的。”

现场响起了掌声。

“面包总会有的，放心吧。”狮子狗的一句话惹得所有人大笑起来。

作文比赛

bān li xià xīng qī yào jìn xíng zuò wén bǐ sài le hóu zi jiào yuán bù
班里下星期要进行作文比赛了，猴子教员布
zhì le zhè xiàng jiān jù de rèn wu
置了这项艰巨的任务。

tóng xué men dōu máng lù qi lai xǔ duō xiǎo péng yǒu dōu xiǎng ná gè
同学们都忙碌起来，许多小朋友都想拿个
dà jiǎng
大奖。

shī zi gǒu bān zhǎng rèn zhēn de zài hēi bǎn shang xiě xià le běn cì zuò
狮子狗班长认真地在黑板上写下了本次作
wén dà sài de xiāng guān yāo qiú
文大赛的相关要求：

zì shù zì
字数：800字；

tǐ cái jì xù wén
体裁：记叙文；

nèi róng guān yú zhōng qiū jié de gù shi huò zhě chuán shuō shī gē
内容：关于中秋节的故事或者传说，诗歌
chú wài
除外；

jiǎng xiàng yī děng jiǎng míng jiǎng lì rì jì běn běn èr děng
奖项：一等奖1名，奖励日记本1本；二等
jiǎng míng jiǎng lì gāng bǐ zhī
奖2名，奖励钢笔1支。

“还有字数要求呀？以前，我每次写作文都是300字。”绵绵说道。

小花猫说：“太长了吧，我每次都用爪子写半天，才写几十个字，如果写800字，估计要写到春节了。”

黄小羊却说：“大家都是懒惰吧，最该有意见的是小蚂蚁青青，钢笔都比她高，她写起来，肯定费力费时，可是，每次她都认真完成作业，不怕困难，真是好样的。”

狮子狗说：“大家应该学习青青的精神，她从来不说难。”

周末了，大家都在讨论谁写的作文好。

狮子狗说：“我先说我的吧，内容非常好，将月亮写成了一位仙子，字数吗，我告诉大家，

125 × 8 × 2就是我的字数。”

黄小羊惊讶地说道：“你竟然写了2 000字，太不可思议了。”

狮子狗笑道：“当然了，青青，你写了多少字？不要告诉我，你不会写哟，不用我教你吧。”

青青说：“我写了125 × 4 × 2个字，大家猜猜多少字？”“1 000字，青青不容易。”黄小羊又夸奖起青青来。

黄小羊说：“我写了4 × 7 × 25个字，才700字，结尾了，刚才又想了一些内容，但加不进去了。”

小花猫问黄小羊：“你是怎么算得这么快的？”

黄小羊解释道：“4 × 7 × 25这样的乘法算式，可以使用乘法交换律，4 × 7 × 25=4 × 25 × 7=700。”

小花猫恍然大悟。

周一时，猴子教员将大家的作文都收集起来，然后与白鹤老师一起评判。

下午快放学时，大家都提心吊胆的，猴子教员走了进来，宣布比赛的结果。

“一等奖，青青，字数1 000字；

二等奖，黄小羊，字数700字；

三等奖，昌昌，字数980字。”

老师没有宣读完呢，狮子狗便叫了起来。

“汪汪……”

青青拧了狮子狗一下，因为他的叫声太吓人了。

“老师，为什么我没有得奖，我可是写了2 000字呀。”

猴子教员笑了起来：“狮子狗班长，你写得太长，内容太单薄，语言太啰嗦了，比如说‘我爱月亮，一直爱，永远爱，老了也会爱的’。”

狮子狗认输了，他写的内容虽然不少，可是，全是七拼八凑出来的。

馋嘴的小猫

小猫逃学了，因为他这一阵子得了“厌学症”，老是想着吃一些美味佳肴。

他曾经在上学的路上看到了小狗家的庭院里挂着几条小鱼，就趁小狗与妈妈出去散步的时候，跳到院子里，偷吃了小狗家的所有小鱼，吃饱了，感觉想睡觉，便在小狗家的躺椅上睡着了，哪承想，小狗与妈妈散步归来，发现了它，并且发现小鱼不见了，于是告到了学校里。

白鹤老师十分气愤，批评了小猫，小猫觉得恼怒，便逃了学。

小猫去哪里了？它跑到了离森林一百多千米的海边，那里有许多渔夫在打鱼，小猫喜欢吃

鱼，他想住到那里，不回家了。

小猫的妈妈急坏了，找到了学校，大熊校长与白鹤老师意识到了事态严重，马上通知了虎警，森林警察全员出动，贴了告示，一周时间过去了，仍然没有消息。

小猫这些日子乐坏了，每天偷吃渔夫打来的鱼，更索性躲到了渔夫家里，院子里晾着许多小鱼，它仿佛自己一下子进了天堂。

但好景不长，被人家发现了。

渔夫觉得自己的鱼每天都丢失，而且渔夫的老婆不高兴地说渔夫没用，整天骂他，渔夫说，自己老了吗？后来，他故意挂了几条鱼在显眼的位置，到了下午，鱼便不见了。

傍晚过后，小猫出来活动了，因为他有些饿

了，白天侦察时，他发现了几条可爱的小鱼，今天刚打的，活蹦乱跳的，正好做一顿晚餐。

小猫的嘴刚刚够着小鱼，渔夫便用渔叉叉住了小猫，小猫想跑，已经来不及了，渔夫的老婆虎视眈眈。

“我要杀了它，这只可恶的丑猫。”渔夫的老婆叫了起来。

“不要杀它，我们可以通知它的家人，让它的家人拿赎金，一来我们不会出事，二来我们可以挽回损失。”渔夫倒是十分小心。

“当家的，有道理呀，我跟你生活这么多年，头一次发现你这么聪明。”

电话打到了学校里，大象伯伯接的电话，他赶紧通知了白鹤老师与大熊校长，这才知道，他偷

le rén jiā de yú chī bèi zhuā zhù le
了人家的鱼吃，被抓住了。

tā men jué dìng xùn sù qián wǎng yì qǐ qù de chú le dà xióng xiào
他们决定迅速前往，一起去的除了大熊校

zhǎng hǔ jǐng hé bái hè lǎo shī wài hái yǒu xiǎo mǎ yǐ qīng qing yīn wèi qīng
长、虎警和白鹤老师外，还有小蚂蚁青青，因为青

qing cōng míng jī ling
青聪明机灵。

yú fū de lǎo po yì zhí zài xì shuǎ xiǎo māo xiǎo māo pí bèi jí le
渔夫的老婆一直在戏耍小猫，小猫疲惫极了，

xiǎng shuì jiào kě shì tā bú ràng tā shuì yí huìr chū yí gè nán tí yí
想睡觉，可是，她不让他睡，一会儿出一个难题，一

会儿让他学狗叫，一会儿让他唱歌，当她知道，小猫竟然是小学三年级的学生时，她高兴极了，出了一道题，并且告诉小猫："臭猫，如果这道题你可以回答上来，便放你走。"

小猫来了兴头，他觉得自己有希望逃走，便认真听着。

一名渔夫打了15条鱼，渔夫对他的妻子说："我要分三批吃它们。不过吃以前把它们排好队，然后编上号码，我从头一条开始吃，隔一条吃掉一条，也就是：我第一次吃掉排在第1，3，5，7，9，11，13，15号位置的鱼，剩下的不动，第二次还是从头一条吃起，隔一条吃一条；第三次也是照这个办法吃。但把最后剩下的一条放了。"

那么，问题就是：知道第几号鱼被放生了吗？

这么复杂的问题?

小猫头晕了,饿昏了,没有回答,便昏睡了过去。醒来时,天已经大亮了,渔夫的家门口,来了一辆警车。

渔夫的老婆站在院子里,面对前来救小猫的森林警察,她毫不示弱,一会儿说:“你们教育无方,怎么教育的孩子。”一会儿又说:“回答我的问题吧,回答上来后,就可以离开,否则,包赔所有的损失,1 000块钱。”

虎警解释半天,她就是不听,旁边站着的渔夫,也不知所措,因为,他们抓了一只小猫,已经惊动了人类警察,也已经触犯了法律。

青青听了两遍题,问渔夫的老婆:“你确定吗?如果这道题我们可以回答上来,小猫就可以走

le
了？”

dāng rán wǒ zhè dào tí kě shì yì bǎi nián lái zuì nán de yí dào tí
“当然，我这道题，可是一百年来最难的一道题

le wǒ céng jīng yòng zhè dào tí kǎo yàn guò wú shù rén tā men quán bù shī bài
了，我曾经用这道题考验过无数人，他们全部失败

le zěn me yàng bù gǎn le ba yú fū de lǎo po yǒu xiē jiào zhēnr
了，怎么样？不敢了吧？”渔夫的老婆有些较真儿。

dà xióng xiào zhǎng yǔ bái hè lǎo shī gǔ lì qīng qing nǐ kě yǐ de
大熊校长与白鹤老师鼓励青青：“你可以的，

méi yǒu wèn tí
没有问题。”

qīng qing sī suǒ le piàn kè hòu huí dá dào dì yī cì chī diào dì
青青思索了片刻后，回答道：“第一次吃掉第

hào wèi zhì de yú dì èr cì chī diào dì
1，3，5，7，9，11，13，15号位置的鱼；第二次吃掉第

wèi zhì de yú dì sān cì chī diào dì wèi zhì shang de
2,6,10,14位置的鱼；第三次吃掉第4,12位置上的

yú hái shèng xià hào bèi fàng shēng
鱼，还剩下8号，被放生。”

ā zěn me huì zhè yàng xiǎn rán qīng qing de dá àn shì zhèng què
“啊，怎么会这样？”显然，青青的答案是正确

de yú fū de lǎo po yì liǎn gān gà
的，渔夫的老婆一脸尴尬。

páng biān de rén lèi jǐng chá shuō zěn me yàng rén jiā huí dá shang lai
旁边的人类警察说：“怎么样？人家回答上来

le bú yào zài wéi nán tā men le
了，不要再为难它们了。”

yú fū jué de lǎo po yǒu xiē guò fèn le gǎn jǐn zhǔn bèi le fēng shèng
渔夫觉得老婆有些过分了，赶紧准备了丰盛
de wǔ cān lái kuǎn dài yuǎn fāng de kè rén xiǎo māo zài yàn xí shang kě shì
的午餐来款待远方的客人，小猫在宴席上，可是
guò zú le yǐn tā chī le wú shù tiáo xiǎo yú rě de páng biān de yú fū de
过足了瘾，它吃了无数条小鱼，惹得旁边的渔夫的
lǎo po yí gè jìnr de zī yá xiǎn rán tā yǒu xiē xīn téng dàn shì tā
老婆一个劲儿地龇牙，显然，她有些心疼，但是，她
yě méi yǒu bàn fǎ
也没有办法。

xiǎo māo dé jiù le bú guò zhè yí cì tā xī qǔ le jiào xun zhè
小猫得救了，不过，这一次，他吸取了教训，这
cái zhī dào yuán lái shù xué yě kě yǐ jiù mìng de rú guǒ shù xué xué hǎo
才知道：原来数学也可以救命的，如果数学学好
le jiù kě yǐ zǒu biàn tiān xià dōu bú pà le
了，就可以走遍天下都不怕了。

神探667

tīng shuō zài lìng wài yí piàn sēn lín li yǒu yí zuò shù xué mó shù
“听说在另外一片森林里，有一座数学魔术
chéng nà lǐ de xiǎo dòng wù men fēi cháng cōng míng wǒ tài xiǎng qù le
城，那里的小动物们非常聪明，我太想去了。”

yì zǎo shang xiǎo mǎ yǐ qīng qing biàn yù dào le lán lan tā xiǎo shēng
一早上，小蚂蚁青青便遇到了蓝蓝，她小声
dí gu zhe
嘀咕着。

wǒ dào shì qù guò yí cì zěn me yàng wǒ men yì qǐ qù
“我倒是去过一次，怎么样？我们一起去，
rú hé
如何？”

liǎng zhī xiǎo mǎ yǐ yì pāi jí hé
两只小蚂蚁一拍即合。

xià wǔ shì tǐ yù kè liǎng zhī xiǎo mǎ yǐ bù tài xǐ huan yīn wèi tǐ
下午是体育课，两只小蚂蚁不太喜欢，因为体
yù kè shang shī zi gǒu yí dìng huì dài zhe nán shēng tī zú qiú zuì méi yì
育课上，狮子狗一定会带着男生踢足球，最没意
si le
思了。

yú shì liǎng zhī xiǎo mǎ yǐ fān guò yí zuò shān biàn lái dào le shù xué
于是，两只小蚂蚁翻过一座山，便来到了数学
mó shù chéng yuǎn yuǎn wàng qù mó shù chéng jiù xiàng tóng huà zhōng de chéng bǎo
魔术城，远远望去，魔术城就像童话中的城堡

一样，走进一看，一个个造型奇特的展厅，把魔术城妆扮得像一个虚幻的世界。

青青好奇地问道：“数学怎么也会变成魔术呢？”

蓝蓝说：“我也不太清楚，我们找个展厅进去看看吧！”

突然她们听到：“我是神探667！我就是神奇！”

她俩跑过去一看，只见一位魔术师身穿黑衣，胸口上写着“神探667”。

青青迫不及待地问道：“神探667，你有什么神奇？”

只见魔术师答道：“三位以内的自然数，只要尾巴被我接触到，我就能迅速地算出这个数的全部！”

青青对蓝蓝说：“我们悄悄地写几个数，看看他能不能快速地算出来。”

于是她们写了：6，25，342三个数。

魔术师说：“写好后，请把你写的数与我胸口写的数667相乘，如果你写的是一位数，就把积的最后一个数字告诉我；如果你写的是两位数，就告诉我积的最后两位数；如果你写的是三位数，就告诉我积的最后三位数。”

青青算好后说：“最后一位是2。”

魔术师说：“你写的是6。”

青青又说：“最后两位是75。”

魔术师说：“你写的是25。”

青青又说：“最后三位是108。”

魔术师脱口而出：“你写的是342。”

两只小蚂蚁佩服得五体投地，说道：“数学魔

术太神奇了！你能告诉我是什么原理吗？”

魔术师大笑起来：“想知原理，请看魔术大揭秘！”

前方有一个大屏幕，上面详细地记载着相关的计算经过：

魔术大揭秘：

因为$667 \times 3 = 2\ 001$，任何三位以内的数与2 001相乘，积的尾数必定仍是原数。所以要求用对方所想的数与667相乘，他只要将对方告知的尾数再乘以3，则必然是原数了！比如对方想的是6，那积就是$667 \times 6=4\ 002$，告知尾数是2，$2 \times 3 = 6$，可知对方想的数是6。再如对方想的数是25，那$667 \times 25=16\ 675$，告知最后两位75，$75 \times 3=225$，可知对方想的是25。如果对方想的是342，那$667 \times 342=228\ 114$，告知最后三位是114，$114 \times 3=342$。

“啊，原来是这样，数学这么好玩哪。”蓝蓝由衷地佩服。

我知道你们的生日

jiē xià lái liǎng zhī xiǎo mǎ yǐ jì xù wǎng mó shù chéng shēn chù zǒu
接下来，两只小蚂蚁继续往魔术城深处走
qù tā men kàn dào yí gè dà shù zì zhōng xià miàn yǒu yí wèi bái fā cāng
去，他们看到一个大数字钟，下面有一位白发苍
cāng de lǎo zhě zhèng zài fèi lì de niǔ dòng zhe shù zì zhōng tā měi tuī dòng
苍的老者，正在费力地扭动着数字钟，他每推动
yí xià shí jiān biàn xiàng qián zǒu yì miǎo
一下，时间便向前走一秒。

bú huì ba yuán lái shí jiān shì shí jiān lǎo rén yòng shǒu tuī chu lai
“不会吧，原来，时间是时间老人用手推出来
de ma lán lan hěn nà mèn cóng lái méi yǒu jué de shí jiān huì lí zì jǐ
的吗？”蓝蓝很纳闷，从来没有觉得时间会离自己
rú cǐ zhī jìn fǎng fú xīn tiào de shēng yīn yǔ shí jiān zǒu dòng de shēng yīn
如此之近，仿佛心跳的声音与时间走动的声音
jiāo zhī zài yì qǐ
交织在一起。

nǐ men lái le
“你们来了。”

nà lǎo rén tóu yě bù huí yì biān tuī dòng zhe shí jiān yì biān wèn
那老人头也不回，一边推动着时间，一边问
tā men
她们。

nǐ shì shéi lán lan shí fēn hào qí de wèn
“你是谁？”蓝蓝十分好奇地问。

bái hú zi yé ye liǎn dài yùn sè de wèn dào nǐ men shì nǎ suǒ xué
白胡子爷爷脸带愠色地问道：“你们是哪所学
xiào de jīn nián jǐ suì le
校的？今年几岁了？”

qīng qing tǐng qǐ xiōng pú shuō bú gào su nǐ chú fēi nǐ néng jiāo wǒ
青青挺起胸脯说：“不告诉你，除非你能教我
men xué mó shù
们学魔术。”

lǎo yé ye hā hā xiào dào bú gào su wǒ wǒ yě néng cāi chū nǐ
老爷爷哈哈笑道：“不告诉我，我也能猜出你
duō dà hái néng cāi chū nǐ shì nǎ yuè chū shēng de
多大，还能猜出你是哪月出生的。”

qīng qing shuō bù kě néng chú fēi nǐ rèn shi wǒ bà ba shì tā
青青说：“不可能！除非你认识我爸爸，是他
gào su nǐ de ba
告诉你的吧？”

lǎo yé ye dì gěi qīng qing yí gè jì suàn qì shuō dào nǐ àn wǒ
老爷爷递给青青一个计算器说道：“你按我
de yāo qiú shū rù wǒ jiù néng cāi chū nǐ bǎ nǐ de chū shēng yuè fèn jiàn
的要求输入，我就能猜出！你把你的出生月份键
rù jì suàn qì chéng yǐ zài jiā shàng rán hòu zài chéng yǐ jiā shang
入计算器，乘以2再加上3，然后再乘以50加上
nǐ de nián líng
你的年龄。”

qīng qing àn yāo qiú shū wán hòu bǎ jì suàn qì dì gěi le lǎo yé ye
青青按要求输完后把计算器递给了老爷爷，
lǎo yé ye yí kàn jié guǒ shì shuō xiǎo péng yǒu jīn nián suì shēng
老爷爷一看结果是562，说：“小朋友今年12岁，生

rì zài yuè fèn wǒ shuō de duì ma
日在4月份，我说的对吗？”

qīng qing yí xià zi zhèng zhù le xīn xiǎng tài shén qí le jì suàn
青青一下子怔住了，心想：“太神奇了！计算

qì yě néng cāi chū nián líng
器也能猜出年龄。”

lǎo yé ye què tū rán duì páng biān de xiǎo tóng zǐ shuō nǐ lái bāng wǒ
老爷爷却突然对旁边的小童子说：“你来帮我

tuī dòng shí jiān zhōng ba qiān wàn bú yào mǎ hu àn zhào wǒ shuō de qù zuò
推动时间钟吧，千万不要马虎，按照我说的去做，

fǒu zé shí jiān jiù huì luàn le nǐ yě zhī dào hòu guǒ hěn yán zhòng yo
否则，时间就会乱了，你也知道后果很严重哟。”

蓝蓝说："时间乱了，那么，大家都乱了。"

"对，聪明极了，你按照我说的节奏推动时间钟，不能睡觉，记住了吗？"

那个小童子好像训练有素的样子，蹲下身来，开始推动时间钟了。

蓝蓝拿过老爷爷手中的计算器，仔细查看了一下，就是一个普通的计算器。

她俩缠着老爷爷非要学魔术，老爷爷乐呵呵地说："看在你们热爱数学的分上，我就教你们吧。"

青青和蓝蓝异口同声地说："太好了！"

老爷爷说："首先请对方将出生月份输入计算器，乘以2后再加3，用所得结果再乘以50然后再加上他目前的年龄，把这个结果告诉你，而你只需用这个结果减去150，即可得到一个包含他出生月份和年龄的数值，例如：（4月份出生，目前17岁）$4 \times 2 + 3 = 11$；$11 \times 50 + 17 = 567$；$576 - 150 = 417$。就可得知他是4月出生，今年17岁了。”

“真是太神奇了，我都不想回去了。”

“我也是，我下定决心了，以后就住在这里了。”

老爷爷却突然说：“回去吧，天晚了。”说完一拂袖子，两只小蚂蚁不知道怎样就被赶到了城堡的外面。

太阳已经下山了，她们才依依不舍地回到了森林里。

捡了多少钱

在上学的路上，小蚂蚁青青居然捡到了钱，她又高兴又沮丧。

高兴的是，自己从来没有捡过钱，说明今天的运气不错；

沮丧的是，如果谁丢了钱，他们肯定会着急的。

小蚂蚁青青无意中将自己捡钱的事情告诉了和自己一起上学的昌昌，昌昌嘴快，刚到班里，便告诉了同学们，这下子，班里乱成了一锅粥。

小花猫哭成了花脸：“我丢了钱，昨天丢的，妈妈给我10元，姥姥给我38元，还有舅舅给我80元，让我买一辆自行车的，我弄丢了。”

狮子狗当起了评判员：“我知道了，原来，小花猫丢了128元，不小的数目哟。”

黄小羊说：“我昨天也丢钱了，妈妈给我和哥哥一共120元，哥哥买书包用去了24元，我买了一支雪糕用了2元，其他的不知道丢在哪了？”

shī zi gǒu shuō nǐ diū le duō shao qián wǒ yě suàn hú tu le
狮子狗说:“你丢了多少钱?我也算糊涂了。”

qīng qing shuō tā yīng gāi diū le yuán qián shéi yǔ wǒ jiǎn de qián
青青说:“她应该丢了94元钱,谁与我捡的钱
shù mù yí yàng qián jiù shì shéi de
数目一样,钱就是谁的。”

yǒu lǐ yǒu lǐ
“有理,有理。”

shī zi gǒu shuō wǒ jué de yīng gāi kàn kan diū de qián shang yǒu shén
狮子狗说:“我觉得应该看看丢的钱上有什
me míng xiǎn biāo jì méi yǒu
么明显标记没有?”

xiǎo huā māo shuō wǒ diū de qián yǒu yì zhāng yuán de yǒu yì
小花猫说:“我丢的钱,有一张10元的,有一
gè qián jiǎo làn le hái yǒu yì zhāng yuán de shàng miàn yǒu yóu
个钱角烂了,还有一张5元的,上面有油。”

huáng xiǎo yáng shuō wǒ de gē ge zài wǒ de qián shang fàng le yí gè
黄小羊说:“我的哥哥在我的钱上放了一个
pì zhè suàn ma
屁,这算吗?”

hā hā
哈哈。

pì méi yǒu biāo jì de shī zi gǒu dài tóu dà xiào qi lai
“屁没有标记的。”狮子狗带头大笑起来。

huáng xiǎo yáng què méi yǒu xiào wǒ gē ge shuō pì huì liú xià chòu
黄小羊却没有笑:“我哥哥说,屁会留下臭
wèi de
味的。”

青青也笑了："屁是气体，散发了，哪会有什么味道？"

大家正说着呢，猴子昌昌也挤了过来，说："我也丢钱了，我丢的钱少，8元钱，也是昨天丢的。"

"昨天是丢钱日吗？我怎么没有捡到哇，不然，我请大家的客。"鼹鼠小乐说。

"你是怎么丢的？难不成上面也有屁存在吗？"

"当然不是，这是攒下的钱，我本来是想放学后，送往福利中心捐给他们的，可是，放学后，我回家时，一个骑摩托车的家伙将我撞倒了，我起来后，浑身是泥，钱也不见了，我估计不是丢的，可能那个家伙是贼。"

猴子昌昌委屈地哭了起来。

suī rán nǐ de de shí fēn hǎo kě shì qián kěn dìng shì wǒ de
“虽然你得的十分好，可是，钱肯定是我的。”
xiǎo huā māo jiào huan zhe
小花猫叫唤着。

chāng chang suī rán nǐ hěn kě lián kě shì wǒ yě xū yào zhè bǐ
“昌昌，虽然你很可怜，可是，我也需要这笔
qián na qīng qing qián huán gěi wǒ ba qián kěn dìng shì wǒ de huáng xiǎo yáng
钱哪，青青，钱还给我吧，钱肯定是我的。”黄小羊
āi qiú zhuó
哀求着。

hóu zi chāng chang shuō rú guǒ qián huán le wǒ wǒ hái yào juān gěi
猴子昌昌说：“如果钱还了我，我还要捐给
fú lì zhōng xīn
福利中心。”

dà jiā zhēng lùn bù xiū shī zi gǒu bù zhī dào rú hé shì hǎo yǎn
大家争论不休，狮子狗不知道如何是好，眼
zhēng zhēng de kàn zhe qīng qing
睁睁地看着青青。

dà jiā bié zhēng le wǒ jiǎn de shì yì zhāng yuán de shàng miàn
“大家别争了，我捡的是一张5元的，上面
méi yǒu làn yě méi yǒu yóu gèng méi yǒu pì cún zài
没有烂，也没有油，更没有屁存在。”

qīng qing shén mì de jiāng yuán qián cóng kǒu dài li ná le chū lái
青青神秘地将5元钱从口袋里拿了出来。

wǒ jué dìng le jiāng qián juān gěi fú lì zhōng xīn zěn me yàng
“我决定了，将钱捐给福利中心，怎么样？”

hóu zi chāng chang dài tóu shuō tài hǎo le
猴子昌昌带头说：“太好了。”

你考了多少分？

昨天进行了开学以后的第一次月考，黄小羊的语文考了90分，英语考了92分，数学成绩没有发表呢，但她刚刚从青青那里得到一个内部消息，她的平均成绩是85分。

黄小羊觉得糟糕极了，如果平均成绩是85分，说明自己的数学成绩非常差了，该如何向妈妈汇报呢？

要知道，黄小羊的家人学习成绩都非常好，黄小羊的爸爸黄老羊是森林大学毕业的，黄小羊的妈妈毕业于森林外国语大学，妈妈会说中文，还会说英语，听说英语是全世界通用的语言。

黄小羊的哥哥黄大羊，刚刚以优异的成绩

考上了森林大学，哥哥上大学时，竟然惊动了森林政府的官员们，听说副市长亲自过来送行，还送了奖学金，那是因为哥哥的成绩太优秀了。

黄小羊认真地计算了一下，觉得自己的数学成绩太差了，经过计算后，竟然只得了73分，怎么办呢？怎么向妈妈交差呢？如果让妈妈知道自己的数学成绩，妈妈一定会气个半死，说不定，会揍自己一顿呢？

数学卷子终于发下来了，黄小羊故意将数学卷子塞进了抽屉里，她想到了一种方法来向妈妈汇报，妈妈如果计算不出来，那就没有办法了。

回到家里，黄小羊依然忐忑不安，幸好妈妈出去买菜了，爸爸出差了。

黄小羊赶紧回到自己的房间里，做好各种各样的打算，包括最坏的打算。

妈妈回来了，她在门口遇到了小蚂蚁青青与妈妈一起回家，黄妈妈问青青：“你考了多少分呀？”

青青说：“我语文99分，英语100分，总成绩是299分，黄妈妈，您自己算一下我数学考了多少分吧？”

黄妈妈虽然毕业于名牌大学，但她上学的时候，数学成绩就不好，因此，青青说完后，她仔细地计算了一下，好半天，才算出结果，原来青青的数学也是考了100分。

“黄小羊，你出来。”妈妈在叫了。

黄小羊搂着卷子，小心翼翼地站到了妈妈

shēn páng
身旁。

kǎo le duō shao fēn mā ma wèn
“考了多少分?”妈妈问。

huáng xiǎo yáng jiāng juàn zi dì le shàng qù wéi dú méi yǒu shù xué juàn zi
黄小羊将卷子递了上去,唯独没有数学卷子。

yǔ wén fēn hái kě yǐ jìn bù le yīng yǔ fēn nǐ yīng
“语文90分,还可以,进步了;英语92分,你英

yǔ de chéng jì xū yào tí gāo wa shù xué ne shù xué juàn zi ne mā
语的成绩需要提高哇,数学呢,数学卷子呢?”妈

ma fā nù le
妈发怒了。

shù xué chéng jì wǒ bù zhī dào kǎo le duō shao fēn juàn zi wǒ bù
“数学成绩我不知道考了多少分,卷子我不

xiǎo xīn là xué xiào li le wǒ zhǐ zhī dào píng jūn chéng jì shì fēn
小心落学校里了,我只知道平均成绩是85分。”

huáng xiǎo yáng dī zhe tóu shuō
黄小羊低着头说。

nǐ zì jǐ suàn yí xià shù xué kǎo le duō shao fēn huáng mā ma
“你自己算一下,数学考了多少分?”黄妈妈

yǒu xiē zháo jí le
有些着急了。

mā ma wǒ gāng gāng shàng xiǎo xué sān nián jí bù zhī dào zěn me
“妈妈,我刚刚上小学三年级,不知道怎么

jì suàn
计算?”

huáng mā ma gù bú shàng zuò fàn le zhǎo le zhī bǐ zài zhǐ shang huà
黄妈妈顾不上做饭了,找了支笔,在纸上画

le qǐ lái dì yī cì tā suàn de shù xué chéng jì yīng gāi shì fēn tài
了起来，第一次，她算的数学成绩应该是98分，太

hǎo le jìng rán shì fēn kě shì bú duì ya dì èr cì tā suàn de
好了，竟然是98分，可是，不对呀，第二次，她算的

shù xué chéng jì shì fēn tài zāo gāo le yào ái mà de
数学成绩是56分，太糟糕了，要挨骂的。

méi yǒu bàn fǎ huáng xiǎo yáng chōng chu qu le yīn wèi tā shuō wǎn
没有办法，黄小羊冲出去了，因为她说晚

shàng yào bǔ xí gōng kè
上要补习功课。

huáng mā ma méi yǒu bàn fǎ xiǎng dào le qīng qing biàn ná zhe juàn zi
黄妈妈没有办法，想到了青青，便拿着卷子，

qiāo kāi le qīng qing jiā de mén
敲开了青青家的门。

qīng qing gāng chī wán wǎn fàn kàn dào huáng mā ma yì liǎn yí huò
青青刚吃完晚饭，看到黄妈妈一脸疑惑。

huáng mā ma shuō míng le lái yóu qīng qing shuō zhè ge hǎo suàn na
黄妈妈说明了来由，青青说：“这个好算哪，

chéng yǐ děng yú fēn xiān jiǎn qù fēn zài jiǎn qù fēn shù
85乘以3等于255分，先减去90分，再减去92分，数

xué chéng jì yīng gāi shì fēn
学成绩应该是73分。”

cái fēn kàn wǒ zěn me shōu shi tā
“才73分，看我怎么收拾她。”

huáng mā ma fā nù le qīng qing què lán zhù le tā
黄妈妈发怒了，青青却拦住了她。

huáng mā ma nín cuò guài xiǎo yáng le tā qí shí kǎo de bú cuò
“黄妈妈，您错怪小羊了，她其实考得不错

le yīn wèi shù xué juàn zi de tí tài nán le quán bān píng jūn fēn cái
了，因为数学卷子的题太难了，全班平均分才67

fēn wǒ zhī suǒ yǐ kǎo le fēn shì yīn wèi shì yīn wèi wǒ
分，我之所以考了100分，是因为——是因为——我

yǐ qián jiàn guò nà xiē tí
以前见过那些题。”

qīng qing mā ma jí le shuō xiǎo qīng qing yuán lái nǐ de chéng jì
青青妈妈急了，说：“小青青，原来，你的成绩

bú shì zhēn shí de kàn wǒ rú hé shōu shi nǐ
不是真实的，看我如何收拾你。”

huáng mā ma zǒu le qīng qing cái xiǎo shēng shuō mā ma wǒ rú guǒ
黄妈妈走了，青青才小声说：“妈妈，我如果

bú zhè yàng shuō wǎn shàng huáng xiǎo yáng huì ái dǎ de
不这样说，晚上黄小羊会挨打的。”

mā ma gāo xìng de xiào le
妈妈高兴地笑了。

huáng xiǎo yáng bǔ wán kè huí dào jiā hòu mā ma yǐ jīng shuì zháo le
黄小羊补完课回到家后，妈妈已经睡着了，
huáng xiǎo yáng kàn dào zì jǐ de kè zhuō shang yǒu yì zhāng zhǐ tiáo shì mā ma
黄小羊看到自己的课桌上有一张纸条，是妈妈
xiě de
写的：

hái zi wǒ xiāng xìn nǐ zài jiē zài lì ba qī zhōng kǎo shì yí
孩子，我相信你，再接再厉吧，期中考试，一
dìng kǎo gè hǎo chéng jì
定考个好成绩。

mā ma
妈妈

吃桃子

bān li zhuǎn zǒu le yì míng tóng xué tā de jiā bān dào sēn lín nà biān
班里转走了一名同学，他的家搬到森林那边

qù le dàn xīng qī yī shàng wǔ dà xióng xiào zhǎng què lǐng zhe yì zhī hóu zi
去了，但星期一上午，大熊校长却领着一只猴子

lái dào le jiào shì li bái hè lǎo shī wèi dà jiā jiè shào tā jiào xiǎo hóu
来到了教室里，白鹤老师为大家介绍：“他叫小猴

chāng chang shì cóng ào lín pǐ kè xué xiào zhuǎn xué guò lái de xué xí chéng
昌昌，是从奥林匹克学校转学过来的，学习成

jì shí fēn yōu yì yǐ hòu dà jiā hù xiāng bāng zhù ba
绩十分优异，以后大家互相帮助吧。”

zhè shì yì zhī jiāo ào de hóu zi kè jiān shí fēn zhōng tā zhāo jí
这是一只骄傲的猴子，课间十分钟，他招集

jǐ gè xiǎo péng yǒu zài nàr chuī xū zì jǐ yǐ qián de chéng jì
几个小朋友，在那儿吹嘘自己以前的成绩：

wǒ kǎo guò quán xiào dì yī míng
“我考过全校第一名；

huò dé guò ào lín pǐ kè shù xué jìng sài yī děng jiǎng
获得过奥林匹克数学竞赛一等奖；

wǒ de yīng yǔ chéng jì yōu xiù céng jīng gěi yì míng wài guó rén dāng guò
我的英语成绩优秀，曾经给一名外国人当过

fān yì rén lèi yāo qǐng wǒ qù de
翻译（人类邀请我去的）；

wǒ dào dá zhè suǒ sēn lín xué xiào qián dà xióng xiào zhǎng tīng shuō wǒ yào
我到达这所森林学校前，大熊校长听说我要

guò lái jìng rán qīn zì dào le wǒ de jiā li yǔ wǒ de bà ba xié shāng
过来，竟然亲自到了我的家里，与我的爸爸协商，
zhè shuō míng wǒ de xué xí chéng jì tài yōu xiù le
这说明，我的学习成绩太优秀了。”

xiǎo lè kàn bu guò qù le hǎo xiǎng chéng fá zhè jiā huo yí xià
小乐看不过去了，好想惩罚这家伙一下。

qīng qing quàn xiǎo lè rén jia chéng jì hǎo nǐ kǎo shì shí néng gòu
青青劝小乐：“人家成绩好，你考试时，能够
chāo guò rén jiā cái yǒu fā yán quán
超过人家才有发言权。”

shàng wǔ kuài fàng xué shí hóu zi chāng chang de bà ba lái le tā fù
上午快放学时，猴子昌昌的爸爸来了，他负

zé guǎn lǐ yí piàn táo lín yīn cǐ dài lái le méi xiān táo bái hè lǎo
责管理一片桃林，因此，带来了100枚鲜桃，白鹤老

shī yāo qiú hóu zi chāng chang qīn zì lái fēn táo zi
师要求猴子昌昌亲自来分桃子。

shuō wán bái hè lǎo shī biàn chū qù le
说完，白鹤老师便出去了。

zěn me fēn táo zi
怎么分桃子？

chāng chang shuō quán bān yí gòng míng tóng xué wǒ jué dé yīng gāi
昌昌说：“全班一共30名同学，我觉得应该

zhè yàng fēn
这样分，100 ÷ 3 = 30……1。”

dà jiā gāng gāng xué de yǒu yú shù de chú fǎ yì shí jiān yún lǐ
大家刚刚学的有余数的除法，一时间，云里

wù lǐ jiā shang zhè shì chāng chang bà ba sòng lái de táo zi yú shì dà
雾里，加上这是昌昌爸爸送来的桃子，于是，大

jiā zhǐ hǎo tīng cóng chāng chang de ān pái
家只好听从昌昌的安排。

měi gè rén fēn dào le méi táo zi táo zi fēi cháng hǎo chī shèng
每个人分到了3枚桃子，桃子非常好吃，剩

xià de quán shì chāng chang de
下的，全是昌昌的。

fàng xué huí jiā de lù shang qīng qing jué de bù duì jìn yīn cǐ tā
放学回家的路上，青青觉得不对劲，因此，她

jiào shang le shī zi gǒu bān zhǎng hái yǒu xiǎo lè duì tā men shuō wǒ zěn
叫上了狮子狗班长，还有小乐，对他们说：“我怎

me jué de chāng chang duō chī le hěn duō táo zi ya
么觉得，昌昌多吃了很多桃子呀？”

shī zi gǒu shuō tā fēn de yīng gāi shì zhèng què de ya jiù duō le
狮子狗说："他分得应该是正确的呀，就多了
yí gè tā chī le zhè yě zhèng cháng bì jìng táo zi shì rén jia bà ba
一个，他吃了，这也正常，毕竟桃子是人家爸爸
sòng lái de
送来的。"

xiǎo lè shuō duì wǒ yě jué de shì zhè yàng
小乐说："对，我也觉得是这样。"

kě shì wǒ zěn me jué de tā yòng de gōng shì shì cuò wù de
"可是，我怎么觉得，他用的公式是错误的，
qīng qing jiū zhèng dào
100 ÷ 3=33……1。"青青纠正道。

duì ya wǒ men bèi tā méng bì le tā tài huài le shǎo chī jǐ
"对呀，我们被他蒙蔽了，他太坏了，少吃几
gè táo zi bú yào jǐn tā zhè shì zài yú nòng dà jiā de zhì shāng
个桃子不要紧，他这是在愚弄大家的智商。"

shī zi gǒu jué dé shí fēn fèn nù
狮子狗觉得十分愤怒。

xià wǔ shàng zì xí kè shí shī zi gǒu bān zhǎng zài kè táng shang chū
下午上自习课时，狮子狗班长在课堂上出
le yí dào tí
了一道题：100 ÷ 3=？

tā diǎn míng yāo qiú gāng lái de chāng chang shàng tái yǎn suàn
他点名要求刚来的昌昌上台演算。

shī zi gǒu shuō rú guǒ nǐ dá duì le wǒ men biàn ràng nǐ dāng xué
狮子狗说："如果你答对了，我们便让你当学
xí wěi yuán rú guǒ dá cuò le jiù yào jiā dào tí
习委员，如果答错了，就要加10道题。"

chāng chang jué de liǎn yǒu xiē hóng tā zhī dào zì jǐ de shì qíng lòu
昌昌觉得脸有些红，他知道自己的事情露

xiàn le dàn shì tā hái shì yìng zhe tóu pí shàng le jiǎng tái
馅了，但是，他还是硬着头皮上了讲台。

100 ÷ 3=33……1。

shī zi gǒu xiào le qǐ lái wèn chāng chang zhè me shuō nǐ shàng wǔ
狮子狗笑了起来，问昌昌："这么说，你上午

fēn táo zi jì suàn de gōng shì shì cuò wù de ba
分桃子计算的公式是错误的吧。"

hóu zi chāng chang xiàng dà jiā jiǎn tǎo duì bù qǐ shì wǒ bú duì
猴子昌昌向大家检讨："对不起，是我不对，

qí shí shàng wǔ wǒ duō chī le gè táo zi shì wǒ bù hǎo wǒ xiàng dà
其实，上午，我多吃了9个桃子，是我不好，我向大

jiā dào qiàn
家道歉。"

dà jiā zhè cái míng bai guò lái qīng qing zài zuò wèi shang shuō zhī cuò
大家这才明白过来，青青在座位上说："知错

néng gǎi jiù shì hǎo hái zi shǎo chī yí gè táo zi shì bú yào jǐn de wǒ
能改，就是好孩子。少吃一个桃子是不要紧的，我

zǒng jué de zuò shì qing yào zhēn chéng chéng shí wú jià
总觉得做事情要真诚，诚实无价。"

xiǎo lè shuō duì ya wǒ men huān yíng nǐ wǒ men de dà jiā tíng
小乐说："对呀，我们欢迎你，我们的大家庭

zhōng yòu duō le yì yuán
中，又多了一员。"

chāng chang wān xià yāo qù xiàng dà jiā zhèng zhòng de jū le yì gōng
昌昌弯下腰去，向大家郑重地鞠了一躬。

惹祸的小数点

青青放学刚回到家里，就发现爸爸在给妈妈打电话："你是怎么用电的，才一个月，怎么就用了235度电，我辛辛苦苦在外面挣钱，容易吗？"

妈妈在那边解释："我没有多用电哪，就是用了用电吹风，唱了几次卡拉OK，怎么了，我没有挣钱吗？"

爸爸和妈妈吵了起来，吓得青青透过门缝看着他们。

青青心里想着：难道是我上个月，在家里组织了几次聚会的结果吗？可是，当时只是开着一盏灯呀。

青青第二天上学，依然闷闷不乐，狮子狗见

le wèn qīng qing nǐ zěn me le
了，问："青青，你怎么了？"

wǒ men jiā kě néng yǒu zéi le
"我们家可能有贼了。"

yǒu zéi ràng wǒ qù wa wǒ zhuā zhù tā sòng tā men jìn gōng ān
"有贼，让我去哇，我抓住他，送他们进公安

jú wǒ zhèng xiǎng zài hǔ jǐng miàn qián lì yì gōng ne wǒ zǎo xiǎng hǎo le
局，我正想在虎警面前立一功呢，我早想好了，

bì yè le jiù qù dāng jǐng chá duō yǒu miàn zi ya shī zi gǒu shuō
毕业了，就去当警察，多有面子呀。"狮子狗说。

wǒ men jiā de diàn bèi dào le shàng gè yuè jū rán yòng le dù
"我们家的电被盗了，上个月居然用了235度

diàn máo qián yí dù diàn yào jiāo duō shao qián na
电，5毛钱一度电，要交多少钱哪？"

nǐ men jiā píng cháng měi gè yuè yòng duō shao dù diàn shī zi gǒu wèn
"你们家平常每个月用多少度电？"狮子狗问

qīng qing
青青。

qīng qing de shū bāo li zhuāng zhe píng shí de yòng diàn jì lù
青青的书包里，装着平时的用电记录：

yī yuè fèn dù diàn kě néng shì guò chūn jié de yuán gù
一月份：28度电，可能是过春节的缘故；

èr yuè fèn dù diàn
二月份：19度电；

sān yuè fèn dù diàn
三月份：12度电；

sì yuè fèn dù diàn
四月份：14度电；

wǔ yuè fèn dù diàn
五月份：19度电；

liù yuè fèn yòng kōng tiáo le cái dù diàn
六月份用空调了，才21度电；

kě shì zěn me yuè fèn jìng rán yǒu dù diàn ne
可是，怎么8月份，竟然有235度电呢？

bàng wǎn shí hou shī zi gǒu yǔ qīng qing rèn zhēn de chá kàn le qīng qing jiā de diàn xiàn kě shì méi yǒu rèn hé wèn tí ya
傍晚时候，狮子狗与青青认真地查看了青青家的电线，可是，没有任何问题呀。

nán dào nán dào dào zéi rú cǐ cōng míng zhī dào zài chá tā men gǎn jǐn jiāng diàn xiàn jiē hǎo le ma
难道，难道盗贼如此聪明，知道在查他们，赶紧将电线接好了吗？

可是，电线上面，竟然没有伤痕，这电是咋丢的呀？

妈妈晚上回家了，见面便与爸爸吵了起来。

他们互相埋怨对方多用了电，爸爸还说：“以后，不准再领你的朋友们来家里胡闹，还有你，青青，同学们一大帮地过来，地板都脏了。”

青青仔细地看了看电工留下的度数，看着看着，她笑了起来。

她让爸爸搬了梯子，爸爸起初不肯，青青却卖关子，不肯说。

青青上了梯子，看了看数字后，大笑起来。

“瞧你整天吵，不就是多花一些钱吗，将孩子吓到了。”妈妈心疼地看着青青。

爸爸也后悔了，觉得自己刚才过分了，问青

青："你究竟怎么了？都怪爸爸不好，爸爸向你和妈妈道歉。"

"我找到问题所在了，你们不用着急，我们家的电没有多用，也没有被盗。"

"啊，青青，到底是怎么回事呀？"妈妈与爸爸异口同声地问道。

"是这样的，电工粗心大意，忘了写小数点了，经过我的计算后，我们家电的度数应该是23.5度，处于正常水平。"

青青刚宣布完，妈妈便数落起来："你不分青红皂白，还是青青聪明。"

"这个该死的家伙，我找他去。"爸爸拿起了电费单据，找电工去了。

谁的面积最大？

zhōng qiū jié mǎ shàng lái lín le zhè shì chuán tǒng de jié rì sēn lín
中秋节马上来临了，这是传统的节日，森林
li yě hǎo bú rè nao xué xiào zhuān mén fàng le jià xǔ duō xiǎo péng yǒu bǐ
里也好不热闹，学校专门放了假，许多小朋友比
sài chī yuè bǐng zhè ge rén lèi chuán xí guò lái de jiā jié yě chéng le sēn
赛吃月饼，这个人类传袭过来的佳节，也成了森
lín li zuì zhòng yào de jié rì zhī yī
林里最重要的节日之一。

xiǎo gǒu xióng jīn tiān bù néng xiū xi yīn wèi tā yào bāng zhù bà ba qù
小狗熊今天不能休息，因为他要帮助爸爸去
mài zhuō zi bà ba jīng yíng zhe yì jiā xiǎo xíng de gōng sī lǐ miàn zhuān mén
卖桌子，爸爸经营着一家小型的公司，里面专门
mài gè shì gè yàng de jiā jù
卖各式各样的家具。

mā ma shēng bìng le bà ba jīn tiān bù dé bú qù yuǎn fāng de bǎi huò
妈妈生病了，爸爸今天不得不去远方的百货
gōng sī jìn huò yú shì zhè jiā xiǎo diàn xiǎo gǒu xióng biàn chéng le míng fù qí
公司进货，于是，这家小店，小狗熊便成了名副其
shí de zhǔ rén
实的主人。

xiǎo gǒu xióng yì dǎ kāi zì jiā de diàn mén biàn fā xiàn le xǔ duō gù
小狗熊一打开自家的店门，便发现了许多顾
kè yīn wèi jīn tiān shì zhōng qiū jiā jié xǔ duō jiā tíng xiǎng gòu mǎi jiā jù
客，因为今天是中秋佳节，许多家庭想购买家具

huò zhě zhuō zi guò tuán yuán jié
或者桌子，过团圆节。

yì zhī xiǎo lǎo shǔ yǔ tā de mā ma jìn le diàn li tā men shì lái
一只小老鼠与他的妈妈进了店里，他们是来
mǎi zhuō zi de zhuō zi de xíng shì gè shì gè yàng zhuō miàn yě shì wǔ huā
买桌子的，桌子的形式各式各样，桌面也是五花
bā mén zuì hòu tā men xiāng zhòng yì kuǎn yuán xíng zhuō miàn hé yì kuǎn zhèng fāng
八门，最后，他们相中一款圆形桌面和一款正方
xíng zhuō miàn de zhuō zi
形桌面的桌子。

xiǎo gǒu xióng gǎn jǐn guò qù xiàng tā men jiè shào zhè liǎng kuǎn zhuō zi
小狗熊赶紧过去向他们介绍："这两款桌子
dōu shì jīn nián liú xíng de kuǎn shì shì yòng xiàng mù zuò chéng de gé bì jiā
都是今年流行的款式，是用橡木做成的，隔壁家
de xiǎo māo hái yǒu gē zi gāng gāng mǎi le zhè liǎng zhāng zhuō zi kuàng qiě
的小猫，还有鸽子，刚刚买了这两张桌子，况且
liǎng zhāng zhuō zi zhuō miàn de zhōu cháng shì yí yàng de jià gé yě yí yàng
两张桌子桌面的周长是一样的，价格也一样。"

xiǎo lǎo shǔ shuō mā ma wǒ men mǎi zhèng fāng xíng de ba zhè ge
小老鼠说："妈妈，我们买正方形的吧，这个
kě yǐ zuò wǒ men yì jiā bà ba yǔ mā ma zuò zhèng duì miàn wǒ yǔ mèi
可以坐我们一家，爸爸与妈妈坐正对面，我与妹
mèi zuò zhèng duì miàn
妹坐正对面。"

mā ma què shuō nǎ ge miàn jī dà jiù mǎi nǎ ge ba
妈妈却说："哪个面积大，就买哪个吧。"

xiǎo gǒu xióng xìn shì dàn dàn de shuō zhè ge bú yòng bǐ le zhōu cháng
小狗熊信誓旦旦地说："这个不用比了，周长

yí yàng cháng miàn jī kěn dìng yí yàng dà de
一样长，面积肯定一样大的。”

xiǎo lǎo shǔ mā ma zé huái yí de shuō nǐ shì xiǎo lǎo bǎn ma bú
小老鼠妈妈则怀疑地说：“你是小老板吗？不
duì ba wǒ zěn me kàn yuán xíng de miàn jī dà ya
对吧，我怎么看圆形的面积大呀？”

xiǎo gǒu xióng gāng gāng xué guò miàn jī yǔ zhōu cháng de cháng shí yīn cǐ
小狗熊刚刚学过面积与周长的常识，因此，
tā jiāo ào de shuō wǒ shì lǎo bǎn bǎo zhèng tā men de miàn jī yí yàng
他骄傲地说：“我是老板，保证它们的面积一样
dà rú guǒ miàn jī bù yí yàng wǒ bú yào qián sòng gěi nǐ men
大，如果面积不一样，我不要钱送给你们。”

xiǎo lǎo shǔ yě lái le jìn tā rào zhe liǎng zhāng zhuō zi zhuàn lái zhuàn
小老鼠也来了劲，它绕着两张桌子转来转
qù yòu ná le zhí chǐ liáng le qǐ lái zuì hòu tā xiǎo shēng duì mā ma shuō
去，又拿了直尺量了起来，最后，他小声对妈妈说：
mā ma hǎo xiàng shì yí yàng dà yo zhōu cháng yǔ miàn jī yí yàng de
“妈妈，好像是一样大哟，周长与面积一样的。”

lǎo shǔ mā ma bú xìn xié shuō zhè yàng ba nǐ zhǎo yì míng lǎo
老鼠妈妈不信邪，说：“这样吧，你找一名老
shī guò lái rú guǒ nǐ shì zhèng què de zhè liǎng zhāng zhuō zi wǒ quán mǎi
师过来，如果你是正确的，这两张桌子我全买
le rú guǒ nǐ de huí dá shì cuò wù de nǐ yào shuō huà suàn huà
了，如果你的回答是错误的，你要说话算话。”

xiǎo gǒu xióng lái dào diàn pù wài miàn qià qiǎo xiǎo lù jiě jie yǔ jiā rén
小狗熊来到店铺外面，恰巧，小鹿姐姐与家人
zài yì qǐ gòu mǎi shāng pǐn xiǎo gǒu xióng gǎn jǐn jiāng xiǎo lù jiě jie qǐng dào zì
在一起购买商品，小狗熊赶紧将小鹿姐姐请到自

己的店铺里。

小鹿姐姐说："周长一样大的形状，面积不一定一样大的，圆形的面积应该略大于正方形的面积。"

"不会吧，老师不是讲过吗，周长一样大，面积肯定一样大的。"小狗熊的脸上尽是汗水。

小鹿姐姐说："你量一下正方形的长度是多少，先计算出来正方形的面积；再找出圆形的半径，用 $S=\pi\times r^2$ 计算出圆形的面积，比较一下不

jiù xíng le ma
就行了吗？”

xiǎo lǎo shǔ yǔ xiǎo gǒu xióng yì qǐ máng le qǐ lái tā men hěn kuài suàn
小老鼠与小狗熊一起忙了起来，他们很快算
wán le jié guǒ shì yuán xíng de miàn jī dà
完了，结果是：圆形的面积大。

xiǎo gǒu xióng bù zhī rú hé shōu chǎng le nán dào yào péi diào liǎng zhāng
小狗熊不知如何收场了，难道要赔掉两张
zhuō zi ma tā zháo jí de kū le qǐ lái
桌子吗？他着急地哭了起来。

xiǎo lǎo shǔ mā ma zé shuō xiǎo hái zi bù néng bù dǒng zhuāng dǒng
小老鼠妈妈则说：“小孩子不能不懂装懂，
gèng bù néng tài jiāo ào zhuō zi wǒ mǎi yuán xíng de ba zhè shì qián nǐ kě
更不能太骄傲，桌子我买圆形的吧，这是钱，你可
yào shōu hǎo lou
要收好喽。”

xiǎo gǒu xióng jí máng cóng lǐ wū tí chū liǎng hé yuè bǐng lái sòng gěi le
小狗熊急忙从里屋提出两盒月饼来，送给了
xiǎo lǎo shǔ yì jiā sòng tā men chū mén shí hái yì zhí xiàng tā men dào qiàn
小老鼠一家，送他们出门时，还一直向他们道歉。

tōng guò zhè ge shì qing xiǎo gǒu xióng míng bái le yí gè dào lǐ biǎo miàn
通过这个事情，小狗熊明白了一个道理：表面
shang kàn shàng qù yí yàng dà xiǎo de wù tǐ qí shí shì bù yí yàng de lìng
上看上去一样大小的物体，其实是不一样的，另
wài jiù shì wǒ men yào xué huì qiān xū ér bú shì jiāo ào zì mǎn
外就是，我们要学会谦虚，而不是骄傲自满。

你知道烟囱的高度吗？

体育课上，一大群小动物相互追逐，他们有的玩捉迷藏游戏，有的玩过家家游戏，只有好提问题的小蚂蚁青青，瞅着远处的一根烟囱发呆。

体育老师是猴子教员兼任的，他好奇地问小青青："青青，你怎么了？不舒服吗？"

"老师，我想知道那根烟囱的真实高度。"

青青的一个问题引来了其他小朋友的关注。

狮子狗说："太高了，除非问一下当初的设计人员，兴许有图纸。"

小乐也说："对，要不，我们派谁上去，实地测量一下吧。"

大家说得差不多了，青青则说："我觉得，我们是否可以用一种方法计算出来，比如说找另外一个物体，计算它们的比例。”

猴子教员也来了兴致，他问大家：“大家知道埃及金字塔的故事吗？”

大家摇头表示没听说过。

猴子教员给大家讲了一个金字塔高度的故事：

金字塔是埃及的著名建筑，尤其胡夫金字塔最为著名，整个金字塔共用了230万块石头，10万名奴隶花了30年的时间才建成这个建筑。

金字塔建成后，国王又提出一个问题，金字塔到底有多高，对这个问题谁也回答不上来。国王大怒，把回答不上来的学者都扔进了尼罗河。

当国王又要杀一个学者的时候，著名学者塔利斯出现了，他喝令刽子手住手。

国王说："难道你能知道金字塔的高度吗？"

塔利斯说："是的，陛下。"

国王说："那么它多高？"

塔利斯沉着地回答说："147米。"国王问："你不要信口胡说，你是怎么测出来的？"塔利斯说："我可以明天表演给你看。"

第二天，天气晴朗，塔利斯只带了一根棍子来到金字塔下，国王冷笑着说："你就想用这根破棍子骗我吗？你今天要是测不出来，那么你也将被扔进尼罗河！"

塔利斯不慌不忙地回答："如果我测不出来，陛下再把我扔进尼罗河也为时不晚。"

然后塔利斯和他的助手及国王一同来到金字塔的下面，准备测量。他首先测出自己的身高，然

hòu zhàn zài yáng guāng lǐ zhè yàng dì miàn shang jiù chū xiàn le tā de yǐng zi
后站在阳光里。这样地面上就出现了他的影子。

dāng yǐng zi de cháng dù děng yú zì jǐ shēn gāo de shí hou tā jiù ràng zhù shǒu
当影子的长度等于自己身高的时候，他就让助手

cè chū jīn zì tǎ de yǐng zi de cháng dù zhè yàng zài tóng yì shí jiān tóng
测出金字塔的影子的长度。这样，在同一时间，同

yì dì diǎn de jīn zì tǎ tā de gāo dù hé tā yǐng zi de cháng dù yě
一地点的“金字塔”，它的高度和它影子的长度也

xiāng děng jīn zì tǎ hé tā de yǐng zi yǐ jí dì miàn zǔ chéng yí gè
相等。“金字塔”和它的影子以及地面组成一个

děng yāo zhí jiǎo sān jiǎo xíng suǒ yǐ tōng guò cè liáng jīn zì tǎ yǐng zi de
等腰直角三角形，所以通过测量“金字塔”影子的

cháng dù jiù kě yǐ zhī dào jīn zì tǎ de gāo dù le
长度，就可以知道“金字塔”的高度了。

gǔ xī là rén lì yòng hé tǎ lì sī xiāng jìn de bàn fǎ yòng yì gēn
古希腊人利用和塔利斯相近的办法，用一根

zhú gān shèn zhì hái cè chū le dì qiú de bàn jìng bìng qiě hé xiàn zài de shù
竹竿甚至还测出了地球的半径，并且和现在的数

值相差不大，这在当时可是一项很了不起的成就。

青青听完后，说：“我知道了，用同样的方法，我们就可以计算出来烟囱的真实高度了。”

猴子教员说：“对，青青，你勤于思考，值得我们所有人学习。”

而青青呢，没有沉浸在夸奖里，而是与狮子狗、小乐一起，利用课间休息时间，准确地计算出了烟囱的高度：89米。

第二天下午，猴子教员领着一个工程师走进教室里，工程师手中捧着一张图纸，他宣布说：“我告诉大家，学校旁边那根烟囱的真实高度是89米。”

青青真了不起。

三角形的房子

jī mā ma fū chū le sì zhī xiǎo jī tā yòu gāo xìng yòu dān xīn gāo
鸡妈妈孵出了四只小鸡，它又高兴又担心。高
xìng de shì sì zhī jī bǎo bao gè gè huān bèng luàn tiào zhēn shi rě rén xǐ ài
兴的是四只鸡宝宝个个欢蹦乱跳，真是惹人喜爱；
dān xīn de shì huài hú li huì lái tōu chī jī bǎo bao
担心的是坏狐狸会来偷吃鸡宝宝。

wèi le fáng bèi huài hú li lái tōu chī jī bǎo bao jī mā ma zhǎo lái
为了防备坏狐狸来偷吃鸡宝宝，鸡妈妈找来
xǔ duō mù bǎn hé mù gùn dā le yì jiān píng dǐng xiǎo mù fáng jī mā ma xiǎng
许多木板和木棍搭了一间平顶小木房。鸡妈妈想，
yǒu le fáng zi jiù bú pà huài hú li lái le
有了房子就不怕坏狐狸来了。

shēn yè tián yě jìng qiāo qiāo de yuè guāng xià yì tiáo hēi yǐng fēi kuài
深夜，田野静悄悄的。月光下，一条黑影飞快
de pǎo jìn le xiǎo mù fáng
地跑近了小木房。

pēng pēng yí zhèn qiāo mén shēng bǎ jī mā ma jīng xǐng le shéi
“砰、砰！”一阵敲门声把鸡妈妈惊醒了。“谁？”
jī mā ma wèn
鸡妈妈问。

shì wǒ shì lǎo gōng jī kuài kāi mén ba yì zhǒng shí fēn nán tīng
“是我，是老公鸡，快开门吧。”一种十分难听
de shēng yīn zài huí dá
的声音在回答。

鸡妈妈想，不对呀！老公鸡出远门了，需要好多天才能回来呢。另外，这难听的声音根本不是老公鸡的声音。鸡妈妈大声说：“你不是老公鸡，你是坏狐狸，快走开！”

坏狐狸一看骗不成，就露出了狰狞的面目。他厉声喝道：“快把小鸡崽给我交出来！不然的话，我要推倒你的房子，把你们统统吃掉！”

鸡妈妈心里虽然害怕，嘴里却说：“不给，不给，就是不给！我的鸡宝宝不能给你吃。”

坏狐狸大怒，使劲地摇晃平顶木房子，吓得四只小鸡躲在鸡妈妈的翅膀下发抖。摇了一会儿，房架倾斜了。房顶和墙之间露出个大缝子，狐狸的爪子伸了进来，抓起一只鸡宝宝就跑了。

天亮了，小鸟飞来飞去在寻找食物。一阵哭

shēng jīng dòng le tā men
声惊动了他们。

zhǔn bèi shang xué de xiǎo huáng què wèn jī mā ma nǐ kū shén me ya
准备上学的小黄雀问:"鸡妈妈,你哭什么呀?"

jī mā ma yì biān kū yì biān shuō wǒ xiū le yì jiān píng dǐng mù fáng fáng bèi huài hú li lái tōu chī jī bǎo bao shéi zhī píng dǐng mù fáng bù jiē shi ràng huài hú li sān tuī liǎng tuī gěi tuī wāi le huài hú li qiǎng zǒu le yí zhī jī bǎo bao wū
鸡妈妈一边哭一边说:"我修了一间平顶木房,防备坏狐狸来偷吃鸡宝宝。谁知平顶木房不结实,让坏狐狸三推两推给推歪了。坏狐狸抢走了一只鸡宝宝,呜……"

gāng gāng chī wán zǎo cān de zhuó mù niǎo shuō xiǎo xǐ què fēi cháng huì
刚刚吃完早餐的啄木鸟说:"小喜鹊非常会

gài fáng zi hái shì qǐng tā lái bāng nǐ gài yí zuò jiē shi de fáng zi ba
盖房子，还是请他来帮你盖一座结实的房子吧！”

bù yí huìr zhuó mù niǎo bǎ xǐ què qǐng lái le xǐ què shuō wǒ
不一会儿，啄木鸟把喜鹊请来了。喜鹊说：“我

zhǐ huì dā wō nǎ lǐ huì gài fáng zi ya
只会搭窝，哪里会盖房子呀！”

nà zěn me bàn dà jiā fàn chóu le
“那怎么办？”大家犯愁了。

zhèng zài cǐ shí gāng gāng fàng xué de yǎn shǔ xiǎo lè xiǎo mǎ yǐ qīng
正在此时，刚刚放学的鼹鼠小乐、小蚂蚁青

qing lù guò cǐ dì tā men mǎ shàng gěi jī mā ma chū le zhǔ yi
青路过此地，他们马上给鸡妈妈出了主意：

jī mā ma nǐ bié zháo jí jiāng fáng zi jiàn chéng sān jiǎo xíng de ba
“鸡妈妈，你别着急，将房子建成三角形的吧，

sān jiǎo xíng zuì wěn dìng le wú lùn zěn me yáo fáng zi dōu bú huì yǒu wèn tí
三角形最稳定了，无论怎么摇，房子都不会有问题

de
的。”

jī mā ma shuō shéi jiàn guò sān jiǎo xíng shì shén me yàng de ya
鸡妈妈说：“谁见过三角形是什么样的呀？”

qīng qing diāo lái sān gēn shù zhī bǎi le yí gè sān jiǎo xíng
青青叼来三根树枝，摆了一个三角形。

xiǎo lè shuō jiù àn zhè ge yàng zǐ lái gài ba wǒ men lái bāng máng
小乐说：“就按这个样子来盖吧，我们来帮忙。”

dà jiā yǒu de xián shù zhī yǒu de xián ní zhuó mù niǎo zài mù tou shang
大家有的衔树枝，有的衔泥，啄木鸟在木头上

zhuó chū xiǎo dòng xǐ què yòng xì zhī tiáo bǎ mù tou dōu bǎng qi lai zài tài yáng
啄出小洞，喜鹊用细枝条把木头都绑起来。在太阳

kuài luò shān de shí hou　yí zuò sān jiǎo xíng fáng dǐng de xīn fáng zi gài hǎo le
快落山的时候，一座三角形房顶的新房子盖好了。

wǎn shang　huài hú li yòu lái le　zhè cì　tā èr huà méi shuō　fú zhe
晚上，坏狐狸又来了。这次，他二话没说，扶着
mù fáng zi jiù pīn mìng yáo dòng qi lai　guài ya　jīn tiān wǎn shang zhè ge mù fáng
木房子就拼命摇动起来。怪呀，今天晚上这个木房
zi zěn me yáo bú dòng le ne　huài hú li mǎo zú le jìn zài yáo　hái shì sī
子怎么摇不动了呢?!坏狐狸铆足了劲再摇，还是丝
háo bú dòng
毫不动。

tiān kuài liàng le　huài hú li hěn hěn de shuō　xiàn zài jiù ráo le nǐ
天快亮了，坏狐狸狠狠地说："现在就饶了你
men　míng tiān wǒ hái yào lái　zhǐ yào nǐ men gǎn chū lái　wǒ jiù chī diào nǐ men
们，明天我还要来，只要你们敢出来，我就吃掉你们!"

qīng chén　xiǎo niǎo yòu kàn jiàn jī mā ma zài shǒu zhe mù fáng zi fā chóu
清晨，小鸟又看见鸡妈妈在守着木房子发愁。

xiǎo lè　qīng qing xiāng yuē qù shàng xué　tóng shí　tā men yě qiān guà zhe
小乐、青青相约去上学，同时，他们也牵挂着
jī mā ma jiā de ān wēi　yīn cǐ　tā men zǎo zǎo de biàn lái dào le jī mā
鸡妈妈家的安危，因此，他们早早地便来到了鸡妈
ma de fáng zi qián miàn　yí kàn fáng zi méi wèn tí　tā men biàn fàng xīn le
妈的房子前面，一看房子没问题，他们便放心了。

xiǎo lè wèn　jī mā ma　nǐ de mù fáng zi bú shì hǎo hǎor de
小乐问："鸡妈妈，你的木房子不是好好儿的
ma　nǐ hái chóu shén me
吗，你还愁什么?"

jī mā ma shuō　sān jiǎo xíng de wū dǐng shì bǐ jiào láo kào　kě shì
鸡妈妈说："三角形的屋顶是比较牢靠，可是

wǒ men bù néng zǒng dāi zài fáng zi lǐ miàn ya huài hú li shuō wǒ men yì chū
我们不能总待在房子里面呀！坏狐狸说我们一出
lái tā jiù yào lái zhuā jī bǎo bao
来，他就要来抓鸡宝宝。”

qīng qing shuō wǒ yǒu gè hǎo zhǔ yì zán men bāng jī mā ma zài fáng
青青说：“我有个好主意，咱们帮鸡妈妈在房
zi wài miàn wéi yì quān mù zhà lán zài zhuāng yí gè mù zhà lán mén jìn chū
子外面围一圈木栅栏，再装一个木栅栏门进出，
zhè bú jiù kě yǐ fáng bèi huài hú li le ma
这不就可以防备坏狐狸了吗！”

dà jiā dōu shuō zhè gè zhǔ yì hǎo yú shì yì qǐ dòng shǒu zhù le yí
大家都说这个主意好，于是一起动手筑了一
dào mù zhà lán tā men hái bǎ mù tiáo shàng tóu xiāo jiān le fáng zhǐ huài hú
道木栅栏。他们还把木条上头削尖了，防止坏狐
li tiào jin lai zuì hòu zhuāng shang yí gè cháng fāng xíng de mù zhà lán mén
狸跳进来。最后装上一个长方形的木栅栏门。

bàng wǎn huài hú li zhēn de yòu lái le tā kàn jiàn jī bǎo bao zài zhà
傍晚，坏狐狸真的又来了。他看见鸡宝宝在栅
lán li yòu bèng yòu tiào chán de kǒu shuǐ zhí liú huài hú li wéi zhe mù zhà lán
栏里又蹦又跳，馋得口水直流。坏狐里围着木栅栏
zhuàn le liǎng quān fā xiàn hái shi gǎo huǐ zhà lán mén zuì róng yì tā liǎng zhī
转了两圈，发现还是搞毁栅栏门最容易。它两只
zhuǎ zi kòu zhe mù zhà lán mén shǐ jìn de yáo jié guǒ cháng fāng xíng de mén
爪子扣着木栅栏门使劲地摇。结果，长方形的门
biàn chéng le píng xíng sì biān xíng lòu chū le yí gè huō kǒu huài hú li
变成了平行四边形，露出了一个豁口。坏狐狸
cēng de yí xià tiào le jìn qù yào bú shì jī mā ma lǐng jī bǎo bao gǎn
“噌”地一下跳了进去。要不是鸡妈妈领鸡宝宝赶

kuài pǎo jìn le fáng zi li kǒng pà jiù yào zāo yāng le
快跑进了房子里，恐怕就要遭殃了。

huài hú li zǒu le
坏狐狸走了。

dì èr tiān jī mā ma bǎ zuó wǎn de shì gào su xiǎo lè xiǎo lè
第二天，鸡妈妈把昨晚的事告诉小乐，小乐

shuō cháng fāng xíng de mén róng yì biàn xíng gěi tā xié dìng shàng yí kuài mù
说：“长方形的门容易变形，给它斜钉上一块木

bǎn biàn chéng liǎng gè sān jiǎo xíng jiù láo gù duō le
板，变成两个三角形就牢固多了。”

qīng qing shuō zán men bù néng zǒng shì fáng bèi huài hú li zan men yào
青青说：“咱们不能总是防备坏狐狸，咱们要

zhè yàng zhè yàng bàn
这样……这样办。”

dà jiā tīng le fēi cháng gāo xìng yòu máng le yí zhèn zi cái lí kāi
大家听了非常高兴，又忙了一阵子才离开。

wǎn shang huài hú li méi chī zháo jī bǎo bao bù gān xīn tā yòu qiāo
晚上，坏狐狸没吃着鸡宝宝不甘心，他又悄

qiāo de lái le tā zhí bèn mù zhà lán mén shǐ jìn yáo huàng mén yí zhè
悄地来了。他直奔木栅栏门，使劲摇晃门。咦，这

cì zěn me yáo bú dòng le ne huài hú li shǐ zú le jìn yì yáo zhǐ tīng
次怎么摇不动了呢？坏狐狸使足了劲一摇，只听

pū tōng yì shēng diào jìn le xiàn jǐng li xiàn jǐng dǐ quán shì sān jiǎo xíng de
“扑通”一声掉进了陷阱里。陷阱底全是三角形的

jiān dīng jiǎo huá de huài hú li sàng le mìng
尖钉，狡猾的坏狐狸丧了命。

零王国的故事

鼹鼠小乐睡得正香，忽然被一阵“玲玲”的声音吵醒。他翻身起床，往外一看，哟，外面还黑乎乎的。是床头的闹钟在响吗？不。这“玲玲”的声音十分好听，分明是从屋子外面传来的。听，还响着呢。

他穿好衣服，走出家门，顺着声音找去。咦，家门口出现了一座巨大的椭圆形宫殿。宫殿里灯火辉煌。“玲玲”的声音正是从宫殿里传出来的。小乐正伸头往里探望，忽然里面连蹦带跳地跑出来一个小孩。小乐一看，忍不住“扑哧”一声笑了。这个小孩长得多怪呀，鸭蛋形的脑袋，一根头发也没有，就像个阿拉伯数字“0”。

小孩很有礼貌地对小乐说："欢迎你到我们零王国来做客。"

小乐不由得一愣。零王国？只听说有英国、法国、美国，从没听说有什么零王国。

小乐正要问个明白。小孩说："我叫王小零。我带你去见见我们的零国王。好吗？"

零王国还有国王哩。小乐十分好奇，就跟着王小零一同走进了椭圆形的大门。

一路上，小乐见到的人都跟王小零一样，长着鸭蛋形的脑袋，都不长头发。小乐忍不住问："王小零，你们这里的人为什么脑袋都是光秃秃的？"

王小零笑着说："我们这里是零王国，所有的人都是零，因此我们脑袋都长得像个阿拉伯数字0。"

小乐问："女的也是光头吗？"

王小零说："你们那里有男有女，如同别的整数那样，有正的，也有负的。我们零王国可没有这个区别，所有的成员都是零，既不是正数，也不是负数。"

原来这样，小乐点了点头。王小零已经把他带到一间椭圆形的屋子前面，摆了摆手说："先请你参观一下我们的宿舍。"

小乐走进宿舍一看，里面全是上下两层的双层床。好多零王国的居民都在上铺休息，下铺却一律空着。

小乐奇怪地问："为什么大家都睡上铺，把下铺全空着呢？"

王小零说："这上铺床板，是一条分数线。

wǒ men zhǐ néng zài fēn shù xiàn shàng miàn xiū xi tǎng zài fēn shù xiàn xià miàn jiù
我们只能在分数线上面休息，躺在分数线下面就

huài shì le nǐ zhī dào zhè shì shén me yuán gù ma
坏事了。你知道这是什么缘故吗？”

xiǎo lè xiǎng le xiǎng cái huǎng rán dà wù tā shuō wǒ zhī dào le
小乐想了想，才恍然大悟。它说：“我知道了，

zhè shì yīn wèi zài sì zé yùn suàn zhōng líng bù néng zuò chú shù bù néng zuò
这是因为在四则运算中，零不能做除数，不能做

fēn mǔ
分母。”

wáng xiǎo líng xiào zhe shuō nǐ shuō de duì rú guǒ ràng wǒ zuò fēn mǔ
王小零笑着说：“你说得对。如果让我做分母，

分子却不是我们的同类，比如说是2吧：$2/0$会得出什么结果呢？设$2/0=a$，那么$2=0\times a$。因为任何数乘0都得0，不会得2，所以这个a是不可能存在的，假想的$2/0$也就没有意义了。如果分子也是我们同类，就成了$0/0$。设$0/0=b$？那么$0=0\times b$。在这个式子里b是什么数都成，$0/0$到底是什么数，也就不能确定。就因为零不能当分母，所以我们都得遵守一条规定，不得独自躺在分数线下面。”

它们参观了宿舍，来到一座华丽的宫殿里。小乐看到正中的宝座上坐着零国王。他看上去年龄很大了，可不长胡子，鸭蛋形的脑袋上也没戴王冠。

小乐向零国王鞠了个躬。零国王很客气地说：“欢迎你到我们零王国来做客，通过这次访问，你对我们的居民将会有进一步的认识。”

小乐说：“对呀，刚才王小零就让我长了不少见识。”

零国王忽然想起了什么，态度变得严肃起来：“可是有些孩子对我们的重要性认识不足，认为零就等于‘没有’。这简直是对我们的莫大侮辱？他们只知道孙悟空能耍金箍棒，叫它大就大，叫它小就小，不知道我们零也有这样的神通。只要有一个零站在一个正整数的右侧，就能叫这个整数扩大10倍，比如4的右侧站了一个‘0’，立刻就变成了40。相反，如果碰到纯小数，只要有一个零挤到小数点后面，就能叫它缩小为原来的$\frac{1}{10}$，比如在0.5中间挤进一个‘0’，就变成了0.05。我们零有这样大的本领，怎么能说等于‘没有’呢？”

小乐一想，果真是这么回事，就说：“这样说来，在有些时候，零还是必不可少的。”

零国王得意地笑了。它说：“要是没有我们零，数学就没有发展的可能。现代的电子计算机采用了二进位制，从0到9这10个数字中，别的数字都没有用了，只剩下1和0。这就说明我们零有多么重要！现在让王小零带你到各处去参观参观吧，可是有件事你可得注意：你只可以跟我们的居民握手，千万不要跟我们的居民拥抱。”

小乐奇怪地说：“这是为什么？”

零国王说：“在我们这里，握手就是做加法，拥抱就是做乘法。”

小乐一想，倒也是，加号“+”多么像两只相握的手，而乘号“×”，又多么像手臂交叉地搭在一起呀？

零国王接着说：“你跟零握手，就是你加上零，结果还得你自己。你要是跟零拥抱，就等于你跟零相乘，结果你也变成了零，再也回不了家啦。你愿意成为我们零王国的居民吗？”

小乐赶紧摇头说：“我……我……”

零国王笑着说：“我知道你不愿意。王小零，你带客人各处去玩玩吧，好好儿地送它回家。”

小乐向零国王又鞠了一个躬，随王小零退了出来。

他们拐了一个弯儿，走进一间游艺室。许多零王国的居民在这里做游戏，有打球的，有下棋的。小乐看着感兴趣的就是压跷跷板了。跷跷板的一头只有一个零，另一头却坐着七八个零，可两边的重量一样，跷跷板一上一下，玩得挺有劲儿。

小乐问王小零：“这一头只有一个零，那一头有七八个零，怎么压不住它呢？”

王小零笑着说：“一个零是零，七八个零加在一起，结果还是零。我们这里的居民全没有重量，你怎么忘了呢？”

小乐也跟它们一起玩儿。他在跷跷板的这一头坐下来，那一头就高高地跷起来了，尽管上去了几十几百个零，也休想把小乐抬高一点点。在零王国里，体重只有20来千克的小乐竟成了超重量的运动员了。

忽然，小乐又听到一阵“玲玲玲”的声音，只见零王国的一个居民一边唱着一边张开双臂，朝着小乐冲过来。王小零紧张地对小乐说：“坏

le nǐ kuài pǎo ba zhè ge líng yǒu jīng shén bìng féng rén jiù lǒu jiàn rén jiù
了，你快跑吧。这个零有精神病，逢人就搂，见人就

bào nǐ yào shi ràng tā bào zhù le bú jiù huài shì le ma
抱。你要是让他抱住了，不就坏事了吗？”

xiǎo lè yì tīng hài pà jí le hài pà zì jǐ biàn chéng líng tā gù
小乐一听害怕极了，害怕自己变成零。他顾

bù dé gēn wáng xiǎo líng gào bié bá tuǐ jiù pǎo lián tóu yě bù gǎn huí zhǐ
不得跟王小零告别，拔腿就跑，连头也不敢回，只

tīng de bèi hòu líng líng de shēng yīn què yuè lái yuè xiǎng tā tū rán bèi shén
听得背后“玲玲”的声音却越来越响。它突然被什

me bàn le yí xià pū tōng yì shēng shuāi dǎo le fān shēn yí kàn yuán
么绊了一下，“扑通”一声摔倒了，翻身一看，原

lái hái tǎng zài chuáng shang zhuō shang de nào zhōng nào de zhèng huān yǐ shì qǐ
来还躺在床上。桌上的闹钟闹得正欢，已是起

chuáng de shí hou le
床的时候了。

我来当导游

xiǎo mǎ yǐ qīng qing xǐ huan cān jiā shè huì shí jiàn tā lì yòng shuāng xiū
小蚂蚁青青喜欢参加社会实践，她利用双休
rì de jī huì zhǎo dào le yí fèn dǎo yóu gōng zuò sēn lín lǚ yóu tuán
日的机会，找到了一份导游工作——森林旅游团。
měi zhōu wǔ wǎn shang fā chē zhōu rì wǎn shang huí dào sēn lín li
每周五晚上发车，周日晚上回到森林里。

qīng qing de mā ma shí fēn zhī chí tā zhè yàng zuò qīng qing yǐ jīng xiǎng
青青的妈妈十分支持她这样做，青青已经想
hǎo le jiāng suǒ jiàn suǒ wén quán bù jì xià lái zhěng lǐ chéng yí fèn xīn
好了，将所见所闻全部记下来，整理成一份《心
líng rì jì
灵日记》。

qīng qing jìn xíng le yì zhōu zuǒ yòu de péi xùn dāng rán péi xùn dōu shì
青青进行了一周左右的培训，当然，培训都是
zài wǎn shang bù dān wù bái tiān de xué xí zài xué xiào li qīng qing bǎo shǒu
在晚上，不耽误白天的学习，在学校里，青青保守
le zhè ge mì mì yīn cǐ lián bái hè lǎo shī yě bù zhī dào tā de xiǎo mì
了这个秘密，因此，连白鹤老师也不知道她的小秘
mì
密。

tā suǒ dài de tuán yú zhōu liù bàng wǎn lái dào le yí chù jiǔ diàn qián
她所带的团于周六傍晚来到了一处酒店前，
tā men yào zhǎo yì jiā jiǔ diàn rù zhù
他们要找一家酒店入住。

小猫新新是这家酒店的经理，他一见到青青，便热情迎接。

青青自我介绍说："我是小蚂蚁青青，这次我带领了一个旅游团到这儿旅游，听说您的大酒店环境舒适，服务周到，我们想住您的酒店。"

小猫新新连忙热情地说："欢迎，欢迎，不知贵团团员数量一共有多少？"

"还可以，是一个大团。"

小猫新新心里一阵惊喜：一个大团，又是一笔大生意，真是太好了。

作为一个导游，青青看出了新新的心思，她慢条斯理地说："先生，如果你能算出我团团员的总数，我们就住这里了，"

"您请说吧。"小猫新新自信地说。

“如果我把我的团平均分成四组，多出一个，再把每小组平均分成四份，结果又多出一个，再把分成的四小组分成四份，结果又多出一个，当然，也包括我，请问我们至少有多少团员？”

“一共多少呢？”

新新马上思考起来，他一定要接下这笔生意，“没有具体的数字，该如何下手呢？”他是精明的生意人，很快说出了答案：“至少85人，对不对？”

青青高兴地说：“一点不错，就是85人，请说说

您的算法。”

“个数最少的情况是最后一次四等分时，每份为一个团员，由此推理得到：第三次分之前有1×4+1=5（个），第二次分之前有5×4+1=21（个），第一次分之前有21×4+1=85（个）。”

“好，我们今天就住在您这儿了。”

“那你们有多少男的，多少女的？”

“有55个男的，30个女的。”

“我们这儿现在只有11人的、7人的、5人的房间，你们想怎么住？”

“当然是先生您给安排了，但必须男女分开，也不能有空床位。”

又出了一个题目，新新还从没碰到过这样的客人，他只好又花一番心思了。

冥思苦想之后，他终于得出了最佳方案：男

de liǎng jiān rén fáng jiān sì jiān rén fáng jiān yì jiān rén fáng jiān nǚ
的两间11人房间，四间7人房间，一间5人房间；女
de yì jiān rén fáng jiān liǎng jiān rén fáng jiān yì jiān rén fáng jiān yí
的一间11人房间，两间7人房间，一间5人房间，一
gòng jiān
共11间。

xiǎo mǎ yǐ qīng qing kàn le tā de ān pái hòu fēi cháng mǎn yì mǎ
小蚂蚁青青看了他的安排后，非常满意，马
shàng bàn le zhù sù shǒu xù
上办了住宿手续。

yì zhuāng dà shēng yì zuò chéng le suī rán fù zá le yì diǎnr
一桩大生意做成了，虽然复杂了一点儿，
dàn xīn xin de xīn li hái shi shí fēn gāo xìng de
但新新的心里还是十分高兴的。

xiǎo mǎ yǐ qīng qing xiě de xīn líng rì jì bèi xiào wén xué tuán kān dēng
小蚂蚁青青写的《心灵日记》被校文学团刊登
le yǐn qǐ le kōng qián de fǎn xiǎng dà jiā méi yǒu xiǎng dào qīng qing rú cǐ
了，引起了空前的反响，大家没有想到，青青如此
yōu xiù jìng rán qīn zì dài le lǚ yóu tuán
优秀，竟然亲自带了旅游团。

zài biǎo zhāng dà huì shang dà xióng xiào zhǎng qīn zì wèi tā bān fā le
在表彰大会上，大熊校长亲自为她颁发了
sān hǎo xué sheng de jiǎng zhuàng gǔ lì suǒ yǒu tóng xué xiàng qīng qing xué xí
“三好学生”的奖状，鼓励所有同学向青青学习。

qīng qing fā yán shí liǎn hóng hóng de shī zi gǒu zài xià miàn jiào le
青青发言时，脸红红的，狮子狗在下面叫了
qǐ lái qīng qing xià cì lǚ yóu dài shang wǒ ba
起来：“青青，下次旅游，带上我吧。”

有多少只脚？

bái hè lǎo shī gào su dà jiā yí gè hǎo xiāo xi zài dōng tiān lái lín
白鹤老师告诉大家一个好消息：在冬天来临
zhī qián zài jìn xíng yí cì jiāo yóu
之前，再进行一次郊游。

dà huǒr fēi cháng gāo xìng dōu jī jí de zhǔn bèi jiāo yóu jí yě chuī
大伙儿非常高兴，都积极地准备郊游及野炊
de gōng jù
的工具。

jiāo yóu ān pái zài yuè de shàng xún lǎo shī hé xiǎo dòng wù men yì
郊游安排在11月的上旬，老师和小动物们一
tóng wài chū yóu wán dà huǒr biān zǒu biān kàn shuō shuō xiào xiào bù zhī bù
同外出游玩，大伙儿边走边看，说说笑笑，不知不
jué lái dào le yí gè xiǎo cūn zhuāng páng
觉来到了一个小村庄旁。

tīng zhe cūn li chuán lái de jī míng gǒu jiào shēng bái hè lǎo shī gǎn kǎi
听着村里传来的鸡鸣狗叫声，白鹤老师感慨
de shuō dà zì rán de jǐng sè zhēn měi ya nǐ men qiáo hái zi men jīn
地说："大自然的景色真美呀？你们瞧，孩子们，金
huáng sè de guǒ shí hóng hóng de fēng yè hǎo yí gè shēn qiū ya
黄色的果实，红红的枫叶，好一个深秋呀？"

tóng xué men gōng gōng jìng jìng de wéi zài yì qǐ tīng lǎo shī shū fā gǎn kǎi
同学们恭恭敬敬地围在一起，听老师抒发感慨。

jī tù tóng lóng wèn tí nǐ men tīng shuō guò méi yǒu
"'鸡兔同笼'问题，你们听说过没有？"

大伙儿都点了点头，小老鼠说："就是知道鸡和兔子的总头数和总脚数，求鸡和兔子各多少只，可以用假设法来求，也可以列方程来解决。"

白鹤老师赞许地说："小老鼠说得很好，可以看出他平时经常读数学方面的书籍。解法确实是非常多的，但是前几天我听一个南方的客人介绍

了一种新的思路，非常有趣呢！我们刚才说到鸡犬之声，那我就改一改，用鸡犬来出题吧……嗯，村里李大伯家养了鸡和狗，按头数一共有25只，数脚一共有56只，那么鸡和狗各有多少只呢？”

同学们都叽里咕噜地开始算了，性急的狮子狗已经蹲下来，在地上画开了。

白鹤老师微微一笑，说：“不用急，我刚才说过了，我们换一种算法，你们先闭上眼睛吧。”

大伙儿安静下来，微闭双眼，听老师的下一步指令。

“让所有的鸡和狗排成一队。”

“好了。”

“让它们各举起一只脚来！”

小乐“扑哧”一声笑了出来，说：“那鸡都变

成金鸡独立了！”

“呵呵，这个成语用得好。”白鹤老师摸摸他的头，高兴地说。

小乐又调皮地说：”不过，小狗翘起一只脚，可就有些难看了，那不是在‘嘘嘘’吗？”

同学们都大笑起来，老师也笑着说：“好了，只可意会，不可言传……来，让鸡和狗再举起一只脚来！”

“啊？！”青青叫起来：“再举起一只脚，那鸡就变成浮在半空中了，狗变成像人一样站起来了。”

“对，现实中，要让鸡和狗做到这样是很难的。但是我们就可以在想象中实现这种奇妙的画面。”

听了老师的话，同学们都若有所思。

“现在，站在地上的还有几只脚？”

羚羊抢着说：“从56里面两次减去25，剩下6只脚，都是狗腿。”

怎么觉得这个词有些难听……又听白鹤老师问：“准确，刚才说每只狗都像人一样用两只脚站着，那么一共有几只狗呢？”

“三只！”同学们异口同声地说。

“鸡呢？”

“22只！”

同学们哈哈大笑起来。

远处，炊烟袅袅的，是农家人在做午饭了。

“饿了，大家快准备午餐哪？”

大家纷纷掏出了自己带来的粮食，不一会儿工夫，便堆成了一座小山，好和谐的场景啊！

最佳路径

小老鼠认为自己做了一件错误的事情。

星期天的上午，妈妈让他去百货公司买东西，由于路不熟悉，它竟然绕了一个大弯儿才到百货公司。他到达后，看到了百货公司门口有着不同的路径选择，他才知晓，自己竟然多走了一半的路程。

回去时，他选择了最短的路径，回到家里，吓了妈妈一跳，因为根据时间推算，他应该下午五点左右才回到家中，而现在，它四点就到家了。

小老鼠兴奋地向妈妈介绍最佳路径的问题，他说："妈妈，现在我才知道，从我们家到百货公司，竟然有四种路可以选择，我们以前选择的，全

bù shì zuì cháng de lù jì dān wù shí jiān yòu jué de lèi xiàn zài hǎo
部是最长的路，既耽误时间，又觉得累，现在好

le wǒ xué xí le zuì jiā lù xiàn hòu jué de yǒu le duō zhǒng xuǎn zé
了，我学习了最佳路线后，觉得有了多种选择。”

xiǎo lǎo shǔ jiāng zì jǐ qù bǎi huò gōng sī de xuǎn zé xiě chéng le rì
小老鼠将自己去百货公司的选择写成了日

jì zhōu yī shàng wǔ shàng kè shí bái hè lǎo shī kàn dào le xiǎo lǎo shǔ shàng
记，周一上午上课时，白鹤老师看到了小老鼠上

jiāo de rì jì jué de fēi cháng hǎo
交的日记，觉得非常好。

shàng wǔ shàng shù xué kè lǎo shī chū le yí dào tí
上午上数学课，老师出了一道题：

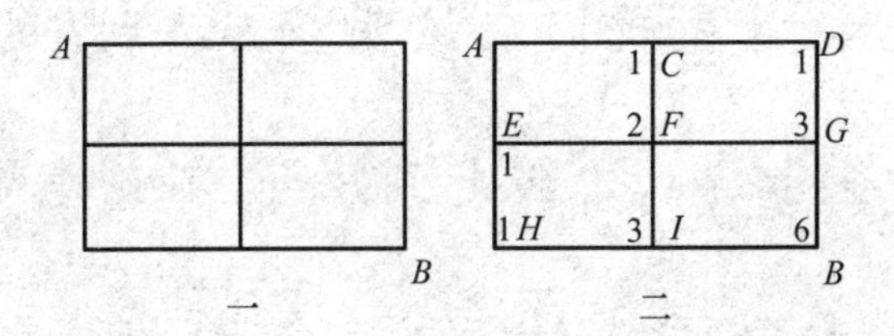

rú tú yī suǒ shì cóng dì zǒu dào dì yǒu duō zhǒng lù jìng kě
如图一所示：从A地走到B地，有多种路径可

yǐ xuǎn zé nǎ tiáo cái shì zuì duǎn lù xiàn
以选择，哪条才是最短路线？

dà jiā kāi shǐ qī zuǐ bā shé de tǎo lùn wèn tí le
大家开始七嘴八舌地讨论问题了。

xiǎo lǎo shǔ zuó tiān yǒu le jīng yàn mǎ shàng zhàn qi lai shuō zhì shǎo
小老鼠昨天有了经验，马上站起来说：“至少

yào jīng guò yí gè cháng yí gè kuān zhè yīng gāi shì zuì duǎn de lù jìng le
要经过一个长一个宽，这应该是最短的路径了。”

许多小朋友表示赞同，但猴子昌昌却说这种算法是错误的，昌昌说：“应该先列出所有的路径，再计算出来哪条是最短的，这是科学的计算方法。”

昌昌来到了课堂上，他做了如下分析：

为了叙述方便，我们在各交叉点都标上字母，如图二所示，首先我们应该明确从A到B的最短路线到底有多长？从A点走到B点，不论怎样走，最短也要走长方形$AHBD$的一个长与一个宽，即$AD+DB$。因此，在水平方向上，所有线段的长度和应等于AD；在竖直方向上，所有线段的长度和应等于DB。这样我们走的这条路线才是最短路线。为了保证这一点，我们就不应该走“回头路”，即在水平方向上不能向左走，在竖直方向上不

néng xiàng shàng zǒu yīn cǐ zhǐ néng xiàng yòu hé xiàng xià zǒu
能向上走。因此只能向右和向下走。

yǒu xiē tóng xué hěn kuài zhǎo chū le cóng dào de suǒ yǒu zuì duǎn lù
有些同学很快找出了从A到B的所有最短路

xiàn jí
线，即：

$A \to C \to D \to G \to B$，$A \to C \to F \to G \to B$

$A \to C \to F \to I \to B$，$A \to E \to F \to G \to B$

$A \to E \to F \to I \to B$，$A \to E \to H \to I \to B$

tōng guò yàn zhèng wǒ men què xìn zhè liù tiáo lù xiàn dōu shì cóng dào
通过验证，我们确信这六条路线都是从A到B

的最短路线。如果按照上述方法，它的缺点是不能保证找出所有的最短路线，即不能保证“不漏”。当然如果图形更复杂些，做到“不重”也是很困难的。

现在观察这种题是否有规律可循。

1.看C点：由A，F和D都可以到达C，而由$F\rightarrow C$是由下向上走，由$D\rightarrow C$是由右向左走，这两条路线不管以后怎样走都不可能是最短路线，因此，从A到C只有一条路线。

同样道理：从A到D、从A到E、从A到H也都只有一条路线。我们把数字“1”分别标在C，D，E，H这四个点上，如图二所示。

2. 看F点：从上向下走是$C\rightarrow F$，从左向右走是$E\rightarrow$F，那么从A点出发到F，可以是$A\rightarrow C\rightarrow F$，也

可以是$A \rightarrow E \rightarrow F$，共有两种走法。我们在图二中的$F$点标上数字“2”。2=1+1，第一个“1”是从$A \rightarrow C$的一种走法；第二个“1”是从$A \rightarrow E$的一种走法。

3.看G点：从上向下走是$D \rightarrow G$，从左向右走是$F \rightarrow G$，那么从$A \rightarrow G$我们在G点标上数字“3”。3=2+1，“2”是从$A \rightarrow F$的两种走法，“1”是从$A \rightarrow D$的一种走法。

4.看I点：从上向下走是$F \rightarrow I$，从左向右走是$H \rightarrow I$，那么从出发点在I点标上“3”。3=2+1，“2”是从$A \rightarrow F$的两种走法；“1”是从$A \rightarrow H$的一种走法。

5.看B点：从上向下走是$G \rightarrow B$，从左向右走是$I \rightarrow B$，那么从出发点$A \rightarrow B$可以这样走：

共有六种走法。6=3+3，第一个“3”是从$A\rightarrow G$共有三种走法，第二个“3”是从$A\rightarrow I$共有三种走法。在B点标上“6”。

我们观察图二发现每一个小格右下角上标的数正好是这个小格右上角与左下角的数的和，这个和就是从出发点A到这点的所有最短路线的条数。这样，我们可以通过计算来确定从$A\rightarrow B$的最短路线的条数，而且能够保证“不重”也“不漏”。

昌昌最后说：“所以说，答案就是，这六条路径全是最短的。”

昌昌的解释太清楚也太精辟了，许多小朋友为他鼓掌，白鹤老师也听得直点头。

白鹤老师最后总结说：“同学们，在生活中

的许多时候，我们都会遇到多种选择，而哪种选择是最优的，值得我们认真思考，一则数学小故事，却可以延伸到生活与工作的方方面面。”